燃气行业有限空间
安全管理实务

彭知军等　编著

U0245317

石油工业出版社

内 容 提 要

本书从燃气行业有限空间作业安全管理的现状出发，结合国内披露的燃气行业有限空间作业事故，对有限空间作业危险有害因素及风险控制、作业安全管理、防护设备、应急救援等方面进行了阐述，对燃气行业有限空间典型事故进行了分析，提出了安全原则和防范措施。

本书可作为从事燃气行业监管、运行、施工的技术人员、操作人员及管理人员的专业参考书，也可供相关院校师生参考。

图书在版编目（CIP）数据

燃气行业有限空间安全管理实务 / 彭知军等编著 .

北京：石油工业出版社，2017.6

ISBN 978–7–5183–1905–3

Ⅰ . ① 燃⋯　Ⅱ . ① 彭⋯　Ⅲ . ① 天然气工业 – 安全管理

– 研究 – 中国　Ⅳ . ① TE687.2

中国版本图书馆 CIP 数据核字（2017）第 100609 号

出版发行：石油工业出版社

（北京安定门外安华里 2 区 1 号　100011）

网　　址：www.petropub.com

编辑部：（010）64523550　　图书营销中心：（010）64523633

经　　销：全国新华书店

印　　刷：北京中石油彩色印刷有限责任公司

2017 年 6 月第 1 版　2017 年 6 月第 1 次印刷

700×1000 毫米　开本：1/16　印张：9.75

字数：160 千字

定价：38.00 元

《燃气行业有限空间安全管理实务》
编　写　组

主　　编：彭知军

编写人员：彭知军　伍荣璋　蔡　磊

前言
PREFACE

　　燃气行业一直都把安全当作生存和发展的生命线,在笔者近十四年的工作经历中,安全已经成为日常工作的重要组成部分。然而,近 10 多年来,燃气行业快速发展,吸收了大量新生从业人员进入这个高危行业,燃气企业的安全管理受到了前所未有的挑战,主要包括:人的观念行为滞后与社会快速发展之间的矛盾,部分从业人员漠视规则,部分管理者漠视生命,在作业和管理上耍小聪明;传统安全监管方式与简政放权新形势之间的矛盾,监管部门和企业、企业和员工之间安全管理缺乏信任,安全管理主体错位,安全管理效能不佳;低技能员工队伍与高风险工作岗位之间的矛盾;燃气行业与其他能源行业的竞争加剧和盈利能力下降与安全投入上升之间的矛盾等。

　　本书收集了 2005 年至 2016 年间,燃气行业发生的、公开的有限空间作业事故的数据。数据结果令人倍感压抑和沉重:这 10 多年来,燃气企业有限空间作业事故 20 多起,其中较大事故以上 7 起,共计死亡 23 人、受伤 50 人。2012 年至 2016 年的死伤人数明显高于之前的年份,其中 2012 年和 2016 年尤为严重。

　　从公开的事故通报或调查报告来看,大多数有限空间作业事故都是群死群伤。主要原因一是生产经营单位对有限空间作业管理不到位,如没有审批、监护程序等管理措施,或必要的防护用品、检测设备等未配置或配置不足;二是从业人员安全意识不足和防范自救技能缺乏,盲目施救导致更多人员伤亡、事故扩大。根据国家安全生产监督管理总局通报的数据,从全国范围来看,工贸行业发生的有限空间作业事故占比较大,2014 年全国工贸行业发生有限空间作业较大事故 12 起、死亡 41 人,分别占工贸行业较大事故总量的 50% 和 51.8%。2015 年工贸行业有限空间较大事故发生 12 起、死亡 46 人,2016 年工贸行业有限空间较大事故发生 9 起、死亡 31 人。

人的生命和健康至高无上。那些用身体健康甚至生命换来的经验和教训,我们应该时时谨记。在此,笔者呼吁燃气企业加强对从业人员的安全培训,按照法规要求保证足够的安全投入,规范作业安全管理;从业人员也要不断增强安全意识和提高岗位技能,掌握个体防护和应急施救。

　　愿安全悲剧不再重演!

　　福州华润燃气有限公司郭权峰与华中科技大学杨云、向艳蕾和梁莹参与了书稿整理,并提出了修改建议和意见,在此表示感谢。

　　由于编者水平有限,书中不足之处在所难免,敬请读者不吝赐教。

彭知军

2017 年 6 月于深圳

目录
CONTENT

第一部分　燃气行业有限空间作业管理

第二部分　燃气行业有限空间典型事故及防范措施

第三部分　适用的法律法规、标准规范

第一部分

燃气行业有限空间作业管理

第一章 有限空间基本知识

第一节 有限空间的基本概念

有限空间(Confined Space)的解释多种多样,有关英文 Confined Space 的翻译也有多种,如有限空间、受限空间、限制空间、密闭空间等。笔者查阅了相关文献,Confined Space 的定义分别如下:

国家安全生产监督管理总局令第 59 号《工贸企业有限空间作业安全管理与监督暂行规定》(以下简称"暂行规定")的有限空间定义:封闭或者部分封闭,与外界相对隔离,出入口较为狭窄,作业人员不能长时间在内工作,自然通风不良,易造成有毒有害、易燃易爆物质积聚或者氧含量不足的空间。

GB 12942—2006《涂装作业安全规程—有限空间作业安全技术要求》的有限空间定义:仅有 1~2 个人孔,即进出口受限制的密闭、狭窄、通风不良的分隔间,或深度大于 1.2m 封闭或敞口的只允许单人进出的围截的通风不良空间。

AQ/T 3028—2008《化学品生产单位受限空间作业安全规范》的受限空间定义:化学品生产单位的各类塔、釜、槽、罐、炉膛、锅筒、管道、容器以及地下室、窨井、坑(池)、下水道或其他封闭、半封闭场所。

GBZ/T 205—2007《密闭空间作业职业危害防护规范》的密闭空间定义:与外界相对隔离,进出口受限,自然通风不良,足够容纳一人进入并从事非常规、非连续作业的有限空间。

美国职业安全健康管理署(OSHA)的法规 29CFR1910.146 对 Confined Space 的定义如下:

(1)空间足以让一名员工进入并执行指派的工作;

(2)进口或出口有限或受限(例如坦克驾驶舱、容器、贮仓、地窖、坑等);

(3)并非为员工持续长时间停留而设计的。

这就决定了空间的性质是储存或其他作用,其设计本质并非给人员停留所用。在美国 OSHA 的法规 29CFR 1910.146(b)中还提到了上部开口空间的高度在 1.2m

以上的也属于受限空间,需和受限空间的特征结合起来理解,即可能存在危险或能量释放危害的环境。所以受限空间又分为需要许可证进入的受限空间和无需许可证进入的受限空间。进入受限空间是否需要许可并没有量化的标准,应综合分析其显著的危险特征以给出结论。

本书依据"暂行规定"第二条来定义有限空间:本规定所称有限空间,是指封闭或者部分封闭,与外界相对隔离,出入口较为狭窄,作业人员不能长时间在内工作,自然通风不良,易造成有毒有害、易燃易爆物质积聚或者氧含量不足的空间。

工贸企业有限空间的目录由国家安全生产监督管理总局确定、调整并公布。该目录分为冶金、有色、建材、机械、轻工、纺织、烟草、商贸等八大类。燃气企业可主要参照冶金、机械、商贸等三大类。工贸企业有限空间的目录给出了很多例子,如容器、储罐、塔、阴井、沟渠等,均属于受限空间。其定义并非从量化的角度进行,而是从特征上予以描述,如存在一定的危险性、有毒有害易聚集气体、缺氧、照明不足、通风不畅的密闭场所等。

第二节　有限空间的特点及类型

一、有限空间的特点

有些有限空间可能产生或存在硫化氢、一氧化碳等有毒有害、易燃易爆气体,并存在缺氧危险,在其中进行作业时如果防范措施不到位,就可能发生中毒、窒息、火灾、爆炸等事故。另外,大部分有限空间狭窄,作业环境复杂,还容易发生触电、机械损伤等事故。其特点可归纳为以下三个方面。

1. 作业环境情况复杂

(1)受限空间狭小,通风不畅,不利于气体扩散。

(2)生产、储存、使用危险化学品或因生化反应(蛋白质腐败)、呼吸作用等,产生有毒有害气体。一段时间后,易积聚形成较高浓度的有毒有害气体。

(3)有些有毒有害气体是无味的,易使作业人员放松警惕,引发中毒、窒息事故。此外,一些受限作业空间周围暗流的渗透或突然涌入、建筑物的坍塌或其他流动性固体(如泥沙等)的流动等,作业电器的漏电,作业机械伤害等,都会给受限空间作业人员带来潜在的危险。

（4）一些有毒气体浓度高时对神经有麻痹作用（例如硫化氢），反而不能被嗅到。

（5）受限空间照明不良、通信不畅，给正常作业和应急救援带来困难。

2. 危险性大，一旦发生事故往往造成严重后果

（1）作业人员中毒、窒息发生在瞬间，有的有毒气体被吸入后数分钟，甚至数秒钟就会致人死亡。

（2）易燃易爆气体达到爆炸极限，燃爆造成群死群伤。

（3）搅拌意外启动，造成设备内作业人员伤亡。

3. 容易因盲目施救造成伤亡扩大

一家知名跨国化工公司曾作过统计，受限空间作业事故中死亡人员有 50% 是救援人员。其主要原因是部分受限空间作业单位和作业人员由于安全意识差、安全知识不足，没有制定受限空间安全作业制度或制度不完善、不严格执行制度，安全措施和监护措施不到位、不落实，实施受限空间作业前未作危害辨识，未制订有针对性的应急处置预案，缺少必要的安全设施和应急救援器材、装备，或是虽然制订了应急预案但未进行培训和演练，作业和监护人员缺乏基本的应急常识和自救互救能力，导致事故状态下不能实施科学有效的救援，使伤亡进一步扩大。

二、有限空间的类型

1. 工贸企业有限空间类型

有限空间主要分为：密闭设备、地下有限空间、地上有限空间、冶金企业非标设备四类。

（1）密闭设备，如船舱、储罐、车载槽罐、反应塔（釜）、冷藏箱、压力容器、管道、烟道、锅炉等。

（2）地下有限空间，如地下管道、地下室、地下仓库、地下工程、暗沟、隧道、涵洞、地坑、废井、地窖、污水池（井）、沼气池、化粪池、下水道等。

（3）地上有限空间，如储藏室、酒糟池、发酵池、垃圾站、温室、冷库、粮仓、料仓等。

（4）冶金企业非标设备，如高炉、转炉、电炉、矿热炉、电渣炉、中频炉、混铁炉、煤气柜、重力除尘器、电除尘器、排水器、煤气水封等。

2. 燃气行业常见的有限空间类型

燃气行业有限空间主要包括罐体、阀室、阀井、作业坑等,其具体形式如图 1-1 至图 1-4 所示。

图 1-1 罐体

图 1-2 阀室

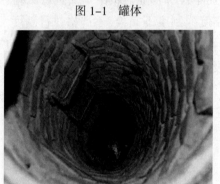

图 1-3 阀井

图 1-4 作业坑

第二章　有限空间危险有害因素的辨识及风险控制

第一节　燃气行业有限空间危险有害因素分析

燃气行业有限空间作业属于高风险作业,它具有以下特点:

(1)危险性大,可能导致死亡。

(2)燃气行业有限空间存在的危害,大多数情况下是完全可以预防的,如加强安全教育培训,完善各项规章制度,严格执行操作规程、作业指导书,配备必要的个人防护用品和应急抢险设备等。

(3)地理特点,事发地理位置以北方地区为主;季节性特点,事发时间多为春、冬两季。

(4)常发生的地点如下:主要包括储罐、车载槽罐、管道以及沟槽,地下或半地下的井室、调压站(箱)、燃气设备房间,地上调压站(箱)或燃气设备房间等。

(5)某些环境下具有突发性,如在开始进入有限空间检测时,没有危害,但是在作业过程中突然发生燃气泄漏或氮气泄漏而造成中毒窒息。

针对燃气行业有限空间危害的特点,为了有效地预防事故的发生,除了对有关人员进行必要的安全教育培训外,还应该从事故本身入手,通过对事故类型及防范措施的介绍来加深对燃气行业有限空间的认识。燃气行业有限空间常见的事故类型有缺氧窒息、中毒、火灾与燃爆、交通危害等。了解并正确辨识这些危险有害因素,对有效采取预防、控制措施,减少人员伤亡事故具有十分重要的作用。

一、缺氧窒息

有限空间长时间不进行通风,或作业人员在进行焊接、切割等工作,或燃气泄漏、氧气被其他气体(如燃气)取代时,均可能存在窒息危险。要维持生命,氧气不可缺少。正常情况下空气中氧气体积分数约为21%,空气中安全氧气体积分数为19.5%～23.5%。当氧气体积分数低于19.5%时,工作人员会出现疲劳、头痛、头晕、呕吐甚至昏迷等不同程度的症状。不同氧气含量对人体的影响见表1-1。

表1-1 不同氧气含量对人体的影响

氧气含量(体积分数),%	对人体的影响
19.5~23.5	正常氧气浓度
15~19.5	体力下降、难以从事重体力劳动,动作协调性降低,易引发冠心病等
12~14	呼吸急促、脉搏加快,协调能力进一步降低和感知判断力下降
10~12	呼吸减弱,嘴唇青紫
8~10	神志不清、昏厥、面色土灰、恶心和呕吐
6~8	4~5min 通过治疗可恢复,6min 后 50% 致命,8min 后 100% 死亡
4~6	40s 后昏迷、抽搐、呼吸停止,死亡

二、中毒

有限空间通风不好,在其内进行焊接、切割等作业时,因不完全燃烧,或因人工煤气(含有一氧化碳)管道泄漏,均可能产生一氧化碳气体。由于一氧化碳气体无色无味,通常工人难以察觉或察觉时已无法及时逃离现场。

另外,阀门井等因长期污水积聚和污泥进入,也可能有生成硫化氢的危险。硫化氢是一种无色有毒、有臭鸡蛋味且可燃的气体,一定浓度的硫化氢可以致命。由于硫化氢重于空气,常积聚于有限空间的底部,甚至淤泥中,对作业人员的健康造成危害,硫化氢体积分数较高时会给作业人员造成生命危险。

三、燃爆

在不通风、潮湿的环境下,燃气井室内的阀门阀体、法兰等部位因腐蚀、胀缩等原因可能会发生局部燃气泄漏。在通风不良的条件下易造成燃气聚集,积累到一定体积分数遇明火就有可能发生燃气爆炸,从而破坏燃气设施,造成供气中断,危害到作业人员和影响周围环境安全。

目前城市燃气主要是天然气、液化石油气和人工煤气。在这三种燃气中,天然气的主要成分是甲烷,密度比空气小,放散性最好,爆炸危险度相对最低;人工煤气主要成分为一氧化碳、氢气和甲烷,密度与空气相当,但爆炸极限范围最宽,危险最大,相对更危险;液化石油气主要成分是丙烷,体积分数为 50%~80%,密度比空气大,易在低洼处聚集,不易扩散,爆炸危险度低于人工煤气。不同燃气的爆炸极限及其爆炸危险度见表1-2。

表 1-2　燃气的爆炸极限和爆炸危险度

燃气种类	爆炸极限(体积分数),%	爆炸危险度
天然气	5.1～15.3	2.1
液化石油气	1.5～9.5	5.3
人工煤气	4.4～40	8.1

注1:表中爆炸极限数据分别来自甲烷化学品安全技术说明书、丙烷化学品安全技术说明书和正丁烷化学品安全技术说明书、人工煤气安全技术说明书。

注2:爆炸危险度是根据爆炸极限计算得出的。实际情况和当时的条件有关系。

四、火灾

泄漏的可燃气体、可燃液体挥发的气体和可燃固体产生的粉尘等和空气混合,遇到电弧、电火花、电热、设备漏点、静电、闪电等点火能源后,高于爆炸上限时会引起火灾。在有限空间内可燃性气体容易聚集达到爆炸极限,遇到点火源则造成爆炸,造成对有限空间内作业人员及附近人员的严重伤害。

五、交通危害

阀门井、检查井等密闭空间的进出位置如果位于人行或车行道上时,作业人员有被撞倒的可能,行人也会有跌落危险。

除此之外,燃气行业有限空间事故类型还包括高温作业引起的中暑,触电伤害,电、气焊等作业产生有毒有害气体,尖锐锋利物体引起的物理伤害和其他机械伤害等。

第二节　有限空间内主要危险有害因素的辨识与评估

在进入有限空间前,应对有限空间内可能存在的危险有害因素进行辨识和评估,以判定其安全状态。

一、辨识程序

有限空间内危险有害因素的辨识程序如图1-5所示。

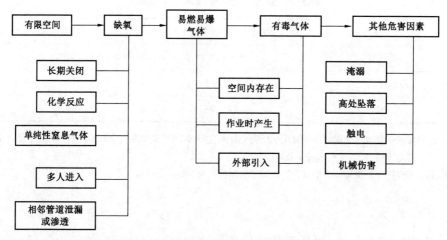

图1-5　有限空间内危险有害因素的辨识程序

二、辨识内容

1. 缺氧窒息

（1）了解有限空间是否长期关闭和通风不良。

（2）了解有限空间内存在的物质是否发生需氧性化学反应，如燃烧、生物的有氧呼吸等。

（3）了解作业过程中是否引入单纯性窒息气体挤占氧气空间，如使用氮气、氩气、水蒸气进行清洗。

（4）了解空间内氧气消耗速度是否可能过快，如过多人员同时在有限空间内作业。

（5）了解与有限空间相连或接近的管道是否会因为渗漏或扩散，导致其他气体进入空间挤占氧气空间。

2. 中毒

1）内部存在的中毒危害辨识

（1）了解空间内部存储的物料是否存在有毒有害气体挥发，或是否有由于生物作用或化学反应而释放出的有毒有害气体积聚于空间内部。

（2）了解空间内部曾经存储或使用过的物料释放的有毒有害气体,是否可能残留于有限空间内部。

（3）了解有限空间内部的管道系统、储罐或桶发生泄漏时,有毒有害气体是否可能进入有限空间。

2）作业时产生的中毒危害辨识

（1）了解在有限空间作业过程中使用的物料是否为有毒有害气体,或者会挥发出有毒有害气体,以及挥发出的气体是否会与空间内本身存在的气体发生反应生成有毒有害气体。

（2）了解有限空间内是否进行焊接、使用燃烧引擎等可能导致一氧化碳产生的作业。

3）外部引入的中毒危害辨识

了解有限空间邻近的厂房、工艺管道是否可能由于泄漏而使有毒有害气体进入到有限空间内。

3. 燃爆

1）内部存在的燃爆危害辨识

（1）了解有限空间内部存储的物质是否易燃易爆,储存的物质是否会挥发出易燃易爆的气体积聚于有限空间内部。

（2）了解空间内部是否可能曾经存储或使用过的物质会挥发出易燃易爆气体残留于有限空间内部。

（3）了解有限空间内部的管道系统、储罐或桶是否可能发生泄漏,是否释放出易燃易爆物质或气体积聚于空间内部。

2）作业时产生的燃爆危害辨识

（1）了解在有限空间作业过程中使用的物料是否会产生可燃性物质或挥发出易燃易爆气体。

（2）了解存在易燃易爆物质的有限空间内是否存在动火作业。

（3）了解存在易燃易爆物质的有限空间内作业时是否使用带电设备、工具等,以及这些设备的防爆性能如何。

（4）了解存在易燃易爆物质的有限空间内进行活动是否产生静电。

3）外部引入的燃爆危害辨识

（1）了解与有限空间邻近的厂房、工艺管道是否可能由于泄漏而使易燃易爆气体进入有限空间。

（2）了解与有限空间邻近作业产生的火花是否可能飞溅到存在易燃易爆物质的有限空间。

4. 其他危险有害因素

除以上危险有害因素外，淹溺、高处坠落、触电、机械伤害等也是威胁有限空间作业人员生命安全与健康的危险有害因素。

（1）有限空间内是否有较深的积水，如下阀井等。

（2）有限空间内是否进行高于基准面 2m 的作业。

（3）有限空间内的电动器械、电路是否老化破损，发生漏电等。

（4）有限空间内的机械设备是否可能意外启动，导致其传动或转动部件直接与人体接触造成作业人员伤害等。

三、评估

通过调查、检测手段确定有限空间存在的危险有害因素后，应选定合适的评估标准，判定其危害程度。

1. 评估标准

（1）正常时空气中氧气含量为 19.5%～23.5%。低于 19.5% 为缺氧环境，存在窒息可能；高于 23.5% 可能引发氧气中毒。

（2）有限空间空气中可燃性气体浓度应低于其爆炸下限的 10%，否则存在爆炸危险。储罐检修或有限空间动火作业时，空气中可燃气体的浓度应低于其爆炸下限的 1%。

（3）粉尘或有毒气体的浓度需低于 GBZ 2.1—2007《工作场所有害因素职业接触限值　第 1 部分：化学有害因素》所规定的限值要求，否则存在中毒可能。

（4）其他危险有害因素执行相关标准。

2. 判定危害程度的方法

若空气污染物浓度未超过立即威胁生命和健康浓度值，即未超过 IDLH

（Immedintely Dangerous to Life or Health concentration）值,应根据国家有关职业卫生标准规定浓度确定危害因数;若同时存在一种以上的空气污染物,应分别计算每种污染物的危害因数,取数值最大的作为危害因数。通过危害因数的大小选择正确的呼吸防护用品。危害因数的计算方法见下面公式:

$$危害因数 = \frac{空气污染物浓度}{国家职业卫生标准规定浓度}$$

第三节　风险控制原则及措施

燃气企业应根据风险评价的结果及经营运行情况等,确定不可接受的风险,制定并落实控制措施,将风险尤其是重大风险控制在可以接受的程度。同时,企业应围绕风险评价的结果及所采取的控制措施对从业人员进行宣传、培训,使其熟悉工作岗位和作业环境中存在的危险、有害因素,掌握并落实应采取的控制措施。

风险控制的原则是:控制措施的可行性和可靠性;控制措施的先进性和安全性;控制措施的经济合理性及企业的经营运行情况;可靠的技术保证和服务。

风险控制应考虑可行性、安全性、可靠性。

措施应包括:技术措施——实现本质安全;管理措施——规范安全管理;安全防护——提高从业人员的自我防护措施,减少职业危害。

一、安全管理措施

建立健全有限空间作业的管理制度,进入有限空间作业时,必须办理《有限空间作业许可证》,必须遵守动火、临时用电、高处作业等有关安全规定。《有限空间作业许可证》不能代替上述各项作业,所涉及的其他作业要按有关规定执行。

1. 实行作业许可证制度

将有限空间作业作为危险作业管理,制定密闭空间作业安全操作规程。每一项作业都要严格执行申请、审批程序,明确作业负责人、监护人员和作业人员,制订和落实相关安全措施,检查是否满足作业条件,完善记录,当日完成作业,如过期则必须重新办理申请、审批等相关手续。

2. 开展安全宣传教育与安全交底

大力开展有限空间危险作业安全宣传教育,使作业人员了解其存在的危险、危害因素,应采取的安全技术措施和紧急状态下的应急救援措施。相关施工管理部门可结合事故案例分析有针对性地进行安全教育,以吸取教训,提高作业人员的自我保护意识和安全防范技能。相关人员应经过安全技术培训,掌握人工急救方法和防护用具、照明及通信设备的使用方法。

各单位管理人员,要会同作业人员、监护人员在现场召开安全工作分析会议,做安全交底。所有现场作业人员都必须参加安全工作分析会议,清楚会议内容并在工作安全分析,即 JSA(Job Safety Analysis)会议记录上签字,形成文件并保留存档。

3. 工机具检查

人员进入易燃易爆受限空间作业,要使用铜质、竹木制铲等工具,确保使用的工具符合防爆要求。

使用的通风机等,其漏电保护器额定漏电动作电流等要符合潮湿、易触电环境安全作业要求,试验起跳开关合格,接地正确,连线规范。

4. 作业过程中不断进行气体监测

在进入任何有限空间之前,都要对其中的气体成分进行检测,并且要在非接触情况下按顺序进行检测:确保有足够的氧气浓度,不存在易燃气体和蒸气,有毒气体和蒸气浓度低于国家相关规定。在进行了非接触检测并确认空间安全可以进入后,检测人员可以发放进入许可证,允许员工进入有限空间进行工作。但是气体检测工作不能停止,进入其中的员工和外面的监护人员一定还要对空间内的气体进行连续检测,避免由于泄漏、毒气释放、温度变化等原因发生有毒有害气休浓度的变化,造成对作业人员的伤害。这个过程要一直持续到员工离开密闭空间为止。

5. 加强作业现场安全管理

有限空间作业有关安全管理部门要加强现场安全检查,坚决遏制现场违章指挥、违章作业、违反劳动纪律的"三违"现象。作业现场应指定专人负责监护,监护人员要坚守岗位,不得擅自离岗。作业现场必须坚持上班考勤和下班清点人数制度,确保密闭空间安全作业。

二、安全技术措施

1. 设置防护围栏以及警示标志

根据相关安全技术标准要求,检查井开启前,应在该井周围 10m 范围内设置醒目的警示标志,标出安全作业区,严禁非作业车辆及人员进入。夜间作业时,安全作业区内应以警示灯示警。

2. 加强通风

作业前必须提前开启工作井井盖及其上下游井盖,进行自然通风,通风时间不少于 30min。井内有积水时,应用工具搅动积水,以散发其中的有害气体。自然通风达不到要求时,应采用通风设备进行强制通风。每 1h 的换气量应是密闭空间容积的 5～10 倍。严格遵守下述规定:进入燃气调压室、压缩机房、阀门井和检查井前应先检查有无燃气泄漏。在进入地下调压室、阀门井、检查井内作业前还应检查有无其他有害气体,确定安全后方可进入。作业前首先使用复合气体检测仪检测,确认燃气无泄漏。作业中每隔 5min 对环境中的氧气(O_2)、一氧化碳(CO)、可燃气体的含量测试 1 次,确认该环境空气中氧气体积分数在作业过程中始终保持在 19.5% 以上,且不含一氧化碳(CO),方可进入。

3. 做好个人防护

作业人员进入燃气调压室、压缩机房、阀门井和检查井等场所时,必须穿戴防护用具,系好安全带。室外应有 2 人以上监护,作业人员不超过 30min 轮换 1 次。维修电气设备时,必须切断电源。带气进行维护检修时,使用防爆工具或采取防爆措施,以免作业过程中产生火花。

4. 尽可能使用安全电压

潮湿环境中用电电压最好不超过 24V,必须使用 220V 电压时应连接漏电保护装置,线路应加装套管。

三、安全防护与应急救援

1. 配备作业装备和防护器材

(1)配备机械通风装置,根据空间大小配置足够的防爆风机,用于通风换气。

（2）配备和使用复合气体检测仪，以便检测环境中燃气、氧气（O_2）、一氧化碳（CO）、硫化氢（H_2S）等气体的体积分数。

（3）防爆作业工具须落实到位，避免作业过程中因摩擦、撞击等产生火花。

（4）配备安全帽、手套、防静电防护服和防护鞋、悬托式安全带、供压缩空气的隔离式防护用具等个人防护器材。

2. 应急救援措施

（1）作业现场配备设有吊重装置的三脚架（可选用轻便的能承受500kg荷载的铝合金三脚架和防静电滑轮组合）、防静电救生绳、全身式安全带、心肺复苏器、防爆照明灯、急救箱、担架床等应急救援设备。

（2）场地外监护人员必须时刻保持警觉，与密闭场地内的作业人员保持联络，发现异常立即采取应急措施。未佩戴呼吸器及救生绳者，不能进行密闭空间施救。在救援时至少应有1个人在外部做联络工作，并迅速将伤者带离现场至安全的地方，再施行急救。紧急应变小组成员至少应有1名具备法定资格的合格急救员。

（3）作业单位应制定有限空间作业专项应急救援预案，提高对突发事件的应急处置能力，每年至少进行1次应急救援演练。

第三章 有限空间作业安全管理

第一节 有限空间作业安全管理体系的要求

有限空间由于其特殊性及危害性,建立完善的安全管理体系,保证各项安全管理工作处于可控状态显得尤为重要。企业安全管理体系的建立,应包含方针政策、组织机构、安全生产责任制、安全管理制度、持续改进的计划和落实等。其中安全管理制度应包括安全生产教育培训、风险管理、隐患排查、会议制度、现场管理、设备管理、承包商管理、危险作业审批、劳动防护用品管理、职业危害因素控制等方面。

只有建立完善的安全管理体系,才能保证有限空间作业的审批程序、作业流程、作业人员培训、现场人员的安全职责、安全技术装备、劳动防护用品、应急救援等方面更加系统、全方位地实现无缝管理,减少各个环节出现差错的概率,减少和杜绝事故的发生。

以下从责任落实、制度建设、服务商管理、作业技术职责等几个方面重点介绍安全管理体系。

一、建立健全安全生产责任制和管理机构

1. 建立并落实安全生产责任制度

生产经营单位建立并落实安全生产责任制度的主要内容如下:

(1)主要负责人对本单位的安全生产工作负全面责任;

(2)分管安全负责人负直接领导责任;

(3)现场负责人负直接责任;

(4)安全生产管理人员负监督检查的责任;

(5)作业人员负服从指挥、遵章守纪的责任,明知违法有拒绝的责任;

(6)作业监护人员有做好现场监护的责任。

2. 建立作业审批制度

凡进入有限空间进行施工、检修、清理作业时,生产经营单位应实施作业审批制度。未经作业负责人审批,任何人不得进入有限空间作业。

3. 建立危害告知制度

生产经营单位应在有限空间进入点周围设置醒目的警示标志、标识,并告知作业人员存在的危险、有害因素和防控措施,防止未经许可的人员进入作业现场。

4. 建立临时作业制度

生产经营单位在有限空间实施临时作业时,应严格遵守有关规法的要求,如缺乏必备的检测、防护条件时,不得自行组织施工作业,应与有关部门联系求助配合或采用委托形式进行。

5. 建立安全培训制度

生产经营单位应对有限空间作业负责人员、作业者和监护者开展安全教育培训。培训内容包括:有限空间存在的危险特性和安全作业要求,进入有限空间的程序,检测仪器、个人防护用品等设备的正确使用,事故应急救援措施与应急救援预案等。

培训应有记录、签到表、照片。培训结束后,应记载培训的内容、日期等有关情况。没有条件开展培训的生产经营单位,应委托具有资质的培训机构开展培训工作。

6. 建立安全管理制度

生产经营单位对有限空间作业应指定相应的管理部门,并配备相应的人员。

7. 建立健全应急救援制度

生产经营单位应制定有限空间作业应急救援预案,明确救援人员及职责,落实救援设备器材,掌握事故处置程序,提高对突发事件的应急处置能力。预案每年至少进行一次演练,并不断进行修改完善。

有限空间发生事故时,监护者应及时报警,救援人员应做好自身防护,配备必要的呼吸器具和救援器材。严禁盲目施救,导致事故扩大。

8. 建立事故报告制度

有限空间发生事故后,生产经营单位应当按照国家和本市有关规定向所在区县政府、安全生产监督管理部门和燃气行业主管部门报告。

二、有限空间单位发包与承包

生产经营单位委托承包单位进行有限空间作业时,应严格承包管理,规范承包行为,不得将工程发包给不具备安全生产条件的单位和个人。

生产经营单位将有限空间作业发包时,应当与承包单位签订专门的安全生产管理协议,或者在承包合同中约定各自的安全生产管理职责。存在多个承包单位时,生产经营单位应对承包单位的安全生产工作进行统一协调、管理。

承包单位应严格遵守安全协议,遵守各项操作规程,严禁违章指挥、违章作业。

此外,有限空间单位发包与承包还应遵守下列要求:

(1)不具备有限空间作业条件的生产经营单位,应将有限空间作业项目发包给具备相应资质的施工单位。

(2)发包单位与承包单位在签订承发包施工合同的同时,应签订专门的安全生产管理协议,明确双方的安全生产责任。

(3)发包方将有限空间作业进行发包时,要将有限空间存在的危险有害因素明确告知承包方,并要求承包方制定合理可行的技术方案,配备必要的安技装备和劳动防护用品,对作业人员进行相应的安全教育培训,如燃气特性和危害等。

(4)对于承包方有限空间作业项目,生产经营单位或管理单位应承担安全监督职责,承包方或施工单位应承担具体的安全管理职责。具体而言,施工作业单位应全面负责对作业现场内危险有害因素防范措施的落实工作,负责制订作业方案,作业方案包括相应的安全防范措施及应急救援预案;负责办理作业审批手续,并对作业人员进行安全作业告知;负责为作业人员和监护人员配备符合规定的器材。

三、有限空间作业安全技术职责

生产经营单位有限作业安全技术的职责如下。

1."先检测、后作业"的原则

实施有限空间作业前,生产经营单位应严格执行"先检测、后作业"的原则,根据作业现场和周边环境情况,检测有限空间可能存在的危害因素。

检测指标包括氧气浓度、可燃性气体浓度、有毒有害气体浓度。检测应当符合相关国家标准或者行业标准的规定。未经通风和检测合格,任何人员不得进入有限空间作业。检测的时间不得早于作业开始前 30min。

氧气浓度应满足 GB 8958《缺氧危险作业安全规程》的规定,不应小于 19.5%。

可燃气体和有害气体浓度参考 GBZ 2.1《工作场所有害因素职业接触限值 第 1 部分: 化学有害因素》、GBZ 2.2《工作场所有害因素职业接触限值 第 2 部分: 物理因素》的规定,可燃气体浓度不得超过 1%,一氧化碳浓度不得超过 30.0mg/m^3(24ppm),硫化氢浓度不得超过 10.6mg/m^3(7ppm)。

2. 危害评估

实施有限空间作业前,生产经营单位应根据检测结果对作业环境危害状况进行评估,制订控制、消除危害的措施,确保作业环境在整个作业期间处于安全受控状态。

3. 持续可靠的通风

生产经营单位实施有限空间作业前和作业过程中,可采取强制性持续通风措施,保持空气流通,以降低危险。严禁用纯氧气进行通风换气。

强制通风时,应把导风管道伸延至有限空间底部,有效去除重于空气的有害气体,保持空气流通。发现通风设备停止运转、有限空间内氧气含量浓度低于或者有毒有害气体浓度高于国家标准或者行业标准规定的限值时,现场负责人必须立即停止有限空间作业,撤离并清点作业人员。

4. 满足安全作业的防护设备

生产经营单位应为作业人员配备符合国家标准要求的通风设备、检测设备、照明设备、通信设备、应急救援设备和个人防护用品。

5. 配备应急救援装备

生产经营单位应配备全面罩正压式空气呼吸器或长管面具等隔离式呼吸保护器具、应急通信报警器材、现场快速检测设备、大功率强制通风设备、应急照明设备、安全绳、救生索、安全梯等。

第二节　作业单位及相关人员安全职责

一、有限空间作业单位的安全职责

有限空间作业单位的安全职责如下：

（1）建立健全本单位有限空间作业安全责任制，明确有限空间作业负责人、作业者、监护者职责。

（2）组织制定有限空间作业审批程序、专项作业方案、安全作业操作规程、事故应急救援预案、安全技术措施等有限空间作业管理制度，并督促、检查本单位有限空间作业，落实有限空间作业的各项安全和技术要求。

（3）保证有限空间作业的安全投入，提供符合要求的通风、检测、防护、照明等安全防护设施和个人防护用品。

（4）组织制定有限空间作业应急预案，并定期进行演练，提供应急救援保障，做好应急救援工作。

（5）为有限空间作业人员提供必要的安全培训。

（6）实施有限空间作业前，应当对作业环境进行分析，分析存在的危险有害因素，提出控制、消除危害的措施，制定有限空间作业方案，并经本单位负责人批准。

（7）实施有限空间作业前，应当将有限空间作业方案和作业现场可能存在的危险有害因素、防控措施告知作业人员。

（8）不得将有限空间作业发包给不具备相应资质的单位和个人。

（9）及时、如实报告生产安全事故。

二、有限空间作业相关人员的安全职责

有限空间作业单位每次组织开展有限空间作业时，安排作业人数应不少于4人。其中1人作为现场负责人，1人进入有限空间作业，1人负责危险有害气体检测工作，至少1人专门负责监护工作。

1. 现场负责人的安全职责

（1）必须接受有限空间作业安全生产培训。

（2）确认作业人员、监护人员及气体检测人员的职业安全培训及上岗资格。

（3）应该完全掌握作业内容，了解整个作业过程中存在的危险、有害因素。

（4）应当监督作业人员按照方案进行作业准备。

（5）确认作业环境、作业程序、防护设施、作业人员符合要求。

（6）及时掌握作业过程中可能发生的条件变化,当有限空间作业条件不符合安全要求时,应终止作业,撤离作业人员。

（7）对未经许可试图进入或已进入有限空间的作业人员进行劝阻或责令退出。

（8）发生紧急情况时,应及时启动相应应急预案。

2. 气体检测人员的安全职责

（1）必须接受有限空间作业安全生产培训。

（2）掌握有限空间危险有害气体的基本知识及气体检测仪器的使用方法。

（3）实施作业前对危险有害气体进行检测并全程监测,如实记录危险有害气体数据,对气体检测仪器完好、灵敏有效、分析数据的准确性负责。

（4）与监护者进行有效的沟通。

3. 监护人员的安全职责

（1）必须接受有限空间作业安全生产培训。

（2）必须有较强的责任心,熟悉作业区域的环境、工艺情况,能及时判断和处理异常情况。

（3）全程掌握作业者作业期间情况,保证在有限空间外持续监护,能够与作业者进行有效的操作作业、报警、撤离等信息沟通。

（4）应对安全措施落实情况进行检查,发现落实不好或安全措施不完善时,有权提出终止作业。

（5）应熟悉应急预案,掌握和熟练使用配备的应急救护设备、设施、报警装置等,并坚守岗位。

（6）在紧急情况时向作业者发出撤离警告,必要时立即呼叫应急救援服务,并在有限空间外实施紧急救援工作,防止未经授权的人员进入。

（7）现场应携带《有限空间作业审批表》,并负责保管、记录有关问题,作业前清点作业人员和工器具。

4. 作业人员的安全职责

（1）必须接受有限空间作业安全生产培训。

（2）遵守有限空间作业安全操作规程,正确使用有限空间作业安全设施与个人防护用品。

（3）应与监护者进行有效的操作作业、报警、撤离等信息沟通。

（4）严格按照《有限空间作业审批表》上签发的任务、地点、时间和各项安全措施作业。

（5）熟悉应急预案,掌握紧急撤离等自救方式。

（6）发现影响作业的异常情况或听到现场负责人、监护人员发出的撤出信号时,立即撤离。

第三节　有限空间作业分级管理

对燃气行业有限空间作业进行分级,首先应对有限空间进行全面评估,根据有限空间内部已聚集或可能聚集的危险有害、易燃易爆物质的种类和含量,入内作业的频繁程度以及可能导致事故的严重程度等因素,分为不同级别。

燃气行业有限空间作业一般划分为两级:一级有限空间和二级有限空间。

一、一级有限空间

一级有限空间符合下列条件:

（1）深度超过 1.5m 的阀井。

（2）坑、沟、涵洞等封闭、半封闭的场所。

（3）用于储存易燃易爆物品或有害化学品的罐、仓、槽车、隧道等场所。

此类作业须由单位主管领导（或分管副总）审批方可进入施工作业。

二、二级有限空间

包括除一级有限空间作业以外的其他情况。二级有限空间作业由运行管理部负责人审批。

第四章　有限空间作业过程安全管控

第一节　有限空间作业的操作程序及要点

燃气行业有限空间是指封闭或者部分封闭，与外界相对隔离，出入口较为狭窄，作业人员不能长时间在内工作，自然通风不良，易造成有毒有害、易燃易爆物质积聚或者氧气含量不足的空间。

燃气行业有限空间作业是指作业人员进入或探入以上场所进行的作业。

一、风险评估

风险评估是确保有限空间作业安全的一项重要程序。通过收集有限空间及拟开展作业的相关信息，分析危险产生的可能性及后果的严重性，进而制订具有针对性的风险防范和控制措施。有限空间风险评估的基本步骤如下。

1. 辨识危害

对有限空间进行危险有害因素的辨识，目的是找出所有可能会导致人员疾病、伤亡或财产损失的因素。辨识中应全面考虑作业环境的位置、特点，环境中原本存在的和作业过程中使用的物料及设备等带来的影响，分析是否存在缺氧窒息、爆炸、中毒、高处坠落、触电、交通危害等危险。

2. 分析风险

风险分析采用风险矩阵法，即"风险值 D=可能性 P×后果严重性 S"的评价法，对危险有害因素发生的可能性及引发后果的严重性进行评判，从而获得风险等级结果。根据评估结果判断风险是否可以接受：可以接受的，要继续监督，定期评估；不可接受的需要制订控制措施。

风险矩阵法根据事故发生的可能性及其可能造成的损失的乘积来衡量风险的大小，其计算公式是：

$$D = P \cdot S$$

式中　　D——风险值；

　　　　P——事故发生的可能性；

　　　　S——事故可能造成的损失。

其具体的衡量方式和赋值方法如下。

1）损失程度赋值表

将损失按程度分为 6 类（即 A～F），依次递减赋值为 6～1。具体的损失程度赋值见表 1-3。

表 1-3　损失程度赋值表

有效类别	赋值	可能造成的损失				
		人员伤害程度及范围	由于伤害估算的损失（元）	环境污染	法规及规章制度符合状况	公司形象受损程度或范围
A	6	多人死亡	500 万以上	发生省级及以上有影响的污染事件	违反法律法规、强制性标准	产生国内及国际影响
B	5	1 人死亡	100 万～500 万	发生市级有影响的污染事件	不符合行政法律法规	影响限于省级范围内
C	4	多人受严重伤害	4 万～100 万	污染波及相邻公司	不符合部门规章制度	影响限于城市范围内
D	3	1 人受严重伤害	1 万～4 万	污染限于厂区，紧急措施能处理	不符合集团公司规章制度	影响限于集团公司范围内
E	2	1 人受到伤害，需要急救；或多人受轻微伤害	2000～1 万	设备局部、作业过程局部受污染，正常治污手段能处理	不符合公司规章制度	影响限于公司范围内
F	1	1 人受轻微伤害	0～2000	没有污染	完全符合	无影响

2）事故发生的可能性赋值表

事故发生的可能性按大小也分为 6 类（即 G～L），依次递减赋值为 6～1。具体的可能性赋值见表1-4。

表 1-4　事故发生的可能性赋值表

赋值	1	2	3	4	5	6
有效类别	L	K	J	I	H	G
发生的可能性	不可能	极不可能发生	过去偶尔发生	过去曾经发生或在异常情况下发生	常发生或在预期情况下发生	在正常情况下经常发生
发生可能性的衡量（发生频率）	估计从不发生	10年以上可能发生1次	10年内可能发生1次	5年内可能发生1次	每年可能发生1次	1年内能发生10次或以上
管理措施	时时检查,有操作规程,并严格执行	每日检查;有操作规程,并执行	每周检查;有操作规程,但偶尔不执行	每月检查;有操作规程,只是部分执行	偶尔检查或大检查;有操作规程,但只是偶尔执行(或操作规程内容不完善)	从来没有检查;没有操作规程
员工胜任程度	高度胜任(培训充分,经验丰富,意识强)	较胜任,偶然出差错	能胜任,出差错频次一般	一般胜任(有上岗证,有培训,但经验不足,多次出差错)	不够胜任(有上岗资格证,但没有接受有效培训)	不胜任(无任何培训、无任何经验、无上岗资格证)
设备设施现状	运行优秀	运行良好,基本不出故障	运行后期,可能出故障	过期未检、偶尔出故障	超期服役、经常出故障,不符合公司规定	带病运行,不符合国家、行业规范
监测、控制、报警、联锁、补救措施	有效防范控制措施	有,偶尔失去作用或出差错	有,仍然存在失去作用或出差错	有,但没有完全使用(如个人防护用品)	防范、控制措施不完善	无任何防范或控制措施

3）风险等级

根据风险值的大小,可将风险分为5个等级。具体的风险等级见表1-5。

表1-5 风险等级划分

风险值	风险等级	备注
30～36	特别重大风险	Ⅴ级
18～25	重大风险	Ⅳ级
9～16	中等风险	Ⅲ级
3～8	一般风险	Ⅱ级
1～2	低风险	Ⅰ级

3. 制订控制措施

根据分析、评估出来的风险,制订出相应的安全措施对策,可以有效地降低或消除风险,保证作业的安全性:

(1)从根本上消除危险的措施,如采取机械作业替代人工作业。

(2)从根本上降低危险的措施,如:设置屏障,将危险有害物质隔离到作业区域外;清除作业环境的危险有害物质;通风等。

(3)减少人员在危险下暴露时间的措施,如采用轮班制,减少有限空间作业时间;使用合适、有效的个人防护用品。

(4)危险警示措施,如张贴警示标志等。

将风险评估、分析提出控制措施、安全防护装备及用具、注意事项纳入工作许可证中,以备作业人员遵守及管理人员核查。

二、作业编制方案和作业审批

进入有限空间作业前,作业单位必须编制作业方案并对所有参与作业的人员进行交底。方案内容应包括有限空间危险源的辨识和相关的应急处置预案。

作业审批有利于主管领导或安全管理部门对危险作业的人力资源、安全防护措施等内容进行有效把关,对不合格事项在作业前能够及时调整,从而保障作业人员的安全。从事有限空间作业的相关单位应按照制度办理《有限空间作业许可证》(表1-6)。

凡进入有限空间进行施工、检修、清理等作业的作业单位,必须办理有限空间作业审批手续,涉及动火作业应同时办理相应的审批手续。未经作业负责人审批,任何人不得进入有限空间作业。

　　该许可证至少一式两份,一份交作业人员保存,作为有限空间作业的凭证以备检查;另一份由授权单位或安全管理部门保存,许可证不得涂改且要求存档至少一年。未经审批,任何人不得进入有限空间作业。

　　填写《有限空间作业许可证》时,应注意以下要点。

1. 设施名称

　　应填写详细,写到具体设施、设备。任何人都无权扩大或更改作业对象。

2. 作业内容

　　指作业的具体内容,如对作业对象进行清理、检修、电焊等作业种类。任何人都无权更改作业内容。

3. 作业人员

　　指直接进入有限空间作业的人员姓名,人数要确定。进去和出来的人数需一致。

4. 监护人员

　　监护人员自始至终必须在作业现场,对作业前必须落实的安全措施进行检查,然后签字确认。作业中密切注意作业安全状况并与作业人员保持联络和沟通。作业后清点人员和器材,确认安全后方可离开。监护人员还应按事故应急救援预案,携带好相应的救援器材,以备急用。

5. 检测人员

　　进行有限空间气体检测时,检测人员必须详细填写检测时间、检测地点、气体名称、检测结果,并对检测气体的代表性和准确性负责,然后签字确认。

6. 作业负责人

　　作业负责人应为现场作业负责人,对整个作业安全负直接领导责任,自始至终在现场直接指挥、参与作业。现场作业负责人应对安全措施给予确认,有权补充完善。

7. 安全预防措施

根据有限空间风险评估结果及提出的建议,列出保证有限空间作业安全的各项措施,包括安全防护设备设施的配备、风险控制手段、检测分析手段、个人防护手段等,并确认安全措施落实到位。

三、作业前准备

1. 文件资料

文件资料如下:

(1)进入有限空间作业许可证;

(2)有限空间进入检测表;

(3)有限空间监护人 / 进入者名单表;

(4)有限空间进入前培训记录;

(5)适当的材料安全数据表;

(6)精确的空间辨识,包括空间内的有毒有害气体、内部结构等;

(7)详细列明的报警和信息沟通途径;

(8)明确用于救援的装备在进入点附近的摆放位置;

(9)应根据燃气特性和可能面临的特殊危害编制救援方法。

2. 有限空间辨识

辨识内容包括:

(1)是否缺氧。

(2)危害性气体、蒸气、尘埃或烟气的进入或存在。

(3)引致遇溺的积水或其他沉积物的存在。

(4)自由流动的固体或液体的进入。

(5)可引致工人因体温上升而丧失知觉。

(6)其他(例如人体卜坠、触电、塌泥等)。

(7)必须切断及隔离所有连接密闭场地的有关管道。

(8)密闭场地的出入口应保持畅通无阻,如其进出点位于人行道或车道上时,附近需设置适当的围栏。

（9）进入密闭场地作业时,必须设专人监护。

（10）氧气、易燃气体及有毒气体的测试,以确定密闭场地内的气体成分及浓度合乎安全水平。气体取样分析要有代表性、全面性,应在密闭场地上、中、下各部位取样分析,作业期间应每隔 2h 取样复查一次,如有 1 项不合格,应立即停止作业。

（11）设备内作业,必须每 30min 用测氧仪、测爆仪检测一次。进入密闭空间场所人员需随身携带便携式四合一检测仪。

3. 安全交底

现场作业负责人必须对其他成员进行安全交底,明确作业具体任务、作业程序、作业分工、作业中可能存在的危险因素及应采取的防护措施等内容。交底清楚后要求交底人与被交底人双方签字确认,安全交底单要求存档备查。

4. 安全检查

（1）装备检查:作业单位应确保各种检查仪器、各种防护用品配备齐全,并经校验有效。

（2）环境检查:在有限空间的出入口内外不得有障碍物,应保证其畅通无阻,便于人员出入和抢救疏散。

（3）准入者检查:有限空间准入者已经完成所有准入前的准备工作。

5. 做好个人防护

作业人员必须穿戴好安全帽、手套、防护服、防护鞋等劳动防护用品,做好个人防护。

6. 危害告知

应在有限空间进入点附近设置醒目的警示标志,并告知作业者存在的危险有害因素和防控措施,防止未经许可人员进入作业现场。标志制作应符合国家规范。警示标志如图 1-6 所示。

四、作业审批程序

进入有限空间作业前,单位(班组)应填写《有限空间作业许可证—审核签发》(表 1-6)中相关内容。由作业单位的作业负责人对许可证中作业安全措施准备工作的情况进行落实,并确认签字。由有限空间所属单位级安全管理人员及处级领

图 1-6　警示标识

导审批确认,审批后由处级安全管理人员保存第一联,并将第二联返还作业单位。

作业单位在作业现场需持经领导确认的许可证作业,并在作业前填写《有限空间作业许可证—现场记录》(表1-7)。由监护人填写作业编号和安全措施落实情况,由检测人员在作业前对有限空间进行检测,然后填写"进入前检查数据"并签字。现场监护人员核实实验检测数据和确认作业现场安全措施情况并签字,由现场作业负责人最终审批后,作业人员方可进入有限空间作业。

五、作业准入管理

在作业负责人按照作业审批程序完成现场审批后,准入者方可进入有限空间。应确保进入有限空间的作业人员与作业许可证准入者名单相符,并保证在进入前准入者的准备工作全部完成。

准入时间不得超过作业许可证上规定的作业完成时间。有限空间作业一旦完成,所有准入者及所携带的设备和物品均应撤离,要及时关闭作业程序,在《有限空间作业许可证—现场记录》上记录撤离时间。当发生了必须停止作业的意外情况,要终止作业时,应在《有限空间作业许可证—现场记录》上记录终止时间。当现场作业因不具备条件而取消时,应在《有限空间作业许可证—现场记录》上注明取消时间。

《有限空间作业许可证—审核签发》和《有限空间作业许可证—现场记录》是进入有限空间作业的依据,任何人不得涂改,且要求安全管理部门存档至少一年。其具体形式见表1-6至表1-8。

表1-6　有限空间作业许可证

（第一联：审核签发）

许可证编号：

作业单位		申请人		联系方式	
作业地点：		阀井深度		作业级别	
预计作业时间：　　年 月 日 时 ——　　年 月 日 时					
作业内容					
作业负责人： 联络电话：					
危害辨识及风险评估（可附页）			安全措施（可附页）		
作业负责人 意见			作业负责人： 日期：　　年 月 日		
审核部门 意见			审核人： 		
许可时限	年 月 日 时 ——　　年 月 日 时		日期：　　年 月 日		
签发人意见			签发人： 日期：　　年 月 日		

注：单份"有限空间作业许可证"的批准作业时限不得超过8h。

表 1-7 有限空间作业许可证

（第二联：现场记录）

编号：

安全措施 落实情况		监护人： 日期：年月日
现场安全措施检查	已对作业人员进行安全教育	是□ 否□ 不适用□
	紧急程序已解释给参与此工作的所有人员	是□ 否□ 不适用□
	其他系统连通的可能危及安全作业的管道已采取有效隔离措施	是□ 否□ 不适用□
	已测试通信及求救器具	是□ 否□ 不适用□
	与有限空间相连通的可能危及安全作业的孔、洞已进行严密地封堵	是□ 否□ 不适用□
	用电设备停机后切断电源，上锁并加挂警示牌	是□ 否□ 不适用□
	有毒气体(物质)浓度应符合 GBZ 2 的规定	是□ 否□ 不适用□
	在有限空间外设置充分的安全警示标志	是□ 否□ 不适用□
	有限空间外备有空气呼吸器、消防器材和清水等相应的应急用品	是□ 否□ 不适用□
	氧气含量为 19.05%～22%	是□ 否□ 不适用□
	切割、焊接设备经检验且状态良好	是□ 否□ 不适用□
	可燃气体浓度不大于 0.5%（体积分数）	是□ 否□ 不适用□
	气体分析仪器应在校验有效期内，且已经安排连续性空气安全测试	是□ 否□ 不适用□
	采样点有代表性，容积较大的有限空间采取上、中、下各部位取样	是□ 否□ 不适用□
	作业人员穿戴符合国家标准的劳动保护用品	是□ 否□ 不适用□
	易燃易爆的有限空间作业时，使用防爆型低压灯具及防爆工具	是□ 否□ 不适用□
	照明电压小于或等于36V，在潮湿、狭小容器内作业的电压小于或等于12V	是□ 否□ 不适用□
	使用超过安全电压的手持电动工具作业或进行电焊作业时，配备有漏电保护器	是□ 否□ 不适用□
	潮湿容器中，作业人员应站在绝缘板上，同时保证金属容器接地可靠	是□ 否□ 不适用□
	在有限空间外应设有专人监护	是□ 否□ 不适用□
	有限空间出入口保持畅通	是□ 否□ 不适用□
	天气掌控是否良好或已采取应对措施	
	多工种、多层交叉作业时采取互相之间避免伤害的措施	是□ 否□ 不适用□
	其他安全预防措施(可附页)： 	

检查人：　　　　检查时间：　　年　月　日　时　分

续表

采样分析（作业前30min内进行）	分析项目	有毒有害介质	可燃气	氧含量	取样时间	取样部位	分析人	备注
	分析数据							是否符合

监护人意见：			作业负责人意见：			
监护人：	日期： 年 月 日		作业负责人：	日期： 年 月 日		
作业	实际起止时间	年 月 日 时 分 至 年 月 日 时 分				
结果	正常□ 变更□ 中断□ 撤销□					
	非正常结果原因				中断的处理	继续使用理□ 重新办理理□

表 1-8 有限空间作业许可证

（第三联：换班记录）

编号：

换班记录	
	交班人： 接班人： 交接时间： 年 月 日 时 分
换班记录	
	交班人： 接班人： 交接时间： 年 月 日 时 分

第二节　燃气行业有限空间作业安全管控要点

一、有限空间作业

有限空间是指封闭或者部分封闭,与外界相对隔离,出入口较为狭窄,作业人员不能长时间在内工作,自然通风不良,易造成有毒有害、易燃易爆物质积聚或者氧气含量不足的空间。

有限空间作业是指作业人员进入有限空间实施的作业活动。

二、燃气行业有限空间作业的特点

（1）地理和季节特点。地理特点,事发地理位置以北方地区为主;季节性特点,事发时间多为春、冬两季。

（2）事故类型特点。根据不完全统计,氮气窒息是导致事故的主要原因。

（3）防范措施不足。燃气企业安全生产主体责任不落实,对有限空间作业安全生产工作不重视,安全生产管理不到位,作业人员的安全防护意识不高。

（4）应急处置。盲目施救致事态扩大,这也是其他行业导致事态扩大的主要原因。燃气企业的应急预案没有覆盖到有限空间作业或相应的应急预案培训演练缺失,员工缺乏有限空间作业安全知识和自救互救能力。

三、燃气行业有限空间的管控要点

（1）认真填写《有限空间作业许可证审批表》,经批准后方可实施。

（2）作业前应检查清楚作业区域内的管径、井深及附近管道的情况。

（3）下井作业前,必须在周围设置明显的隔离区域,夜间应加设闪烁警示灯。若在城市交通主干道上作业占用一个车道时,应按照 DB 11/854—2012《占道作业交通安全设施设置技术要求》规定,在来车方向设置安全标志,并派专人指挥交通,夜间工作人员必须穿戴反光标志服装。

（4）作业前由现场负责人明确作业人员各自任务,并根据工作任务进行安全交底,交底内容应具有针对性。新参加工作的人员、实习人员和临时参加劳动的人员可随同参加工作,但不得分配单独作业的任务。

（5）作业前必须提前开启工作井井盖及其上下游井盖进行自然通风,通风时间不少于 30min。井内有积水时,应用工具搅动积水,以散发其中有害气体。自然通风达不到要求时,应采用通风设备进行强制通风。每 1h 的换气量应是密闭空间容积的 5~10 倍。

（6）如气体监测仪出现报警,则需要延长通风时间,直至气体监测仪合格后方可下井作业。若因工作需要或紧急情况下必须立即下井作业,必须经单位领导批准后佩戴正压式空气呼吸器(SCBA)或长管式呼吸器下井。

（7）作业人员必须穿戴好劳动防护用品,并检查所使用的仪器、工具是否正常。

（8）下井前必须检查踏步是否牢固。当踏步腐蚀严重、损坏时,作业人员应使用安全梯或三脚架下井。下井作业期间,作业人员必须系好安全带、安全绳。安全绳的另一端在井上固定,监护人员做好监护工作,工作期间严禁擅离职守。

（9）严禁下井作业人员携带手机等非防爆类电子产品或打火机等火源,下井人员必须携带防爆照明、通信设备。可燃气体的浓度超标时,严禁使用非防爆照相机拍照。作业现场严禁吸烟,未经许可严禁动用明火。

（10）当作业人员进入管道内作业时,井室内应设置专人呼应和监护。作业人员进入管道内部时应携带防爆通信设备,随时与监护人员保持沟通,若信号中断必须立即返回地面。

（11）佩戴隔离式防护装置下井作业时,呼吸器必需有用有备,无备用呼吸器严禁下井作业。作业人员需随时掌握正压式空气呼吸器的气压值,判断作业时间和行进距离,保证预留足够的空气返回,作业人员听到空气呼吸器的报警后,必须立即撤离。

（12）作业过程中,必须有人监护,并与井下作业人员保持联络。气体检测仪必须全过程连续检测,一旦出现报警,作业人员应立即撤离。

（13）上下传递作业工具和提升杂物时,应用绳索系牢,严禁抛扔,同时下方作业人员应避开绳索正下方,防止坠物伤人。

（14）井内水泵运行时,人员禁止下井,防止触电。

（15）作业人员每次井下作业连续时间不得超过 1h。

（16）当发现潜在危险因素时,现场负责人必须立即停止作业,让作业人员迅速撤离现场。

（17）发生事故时,严格执行相关应急预案,严禁盲目施救,防止事故扩大。

（18）作业现场应配备必备的应急装备、器具,以便在紧急情况下抢救作业人员。

（19）作业完成后盖好井盖,清理好现场后方可离开。

第五章 有限空间作业安全防护设备

根据有限空间作业特点,为实现安全作业,需要配备以下几类安全防护设备:气体检测设备、呼吸防护用品、防坠落用具、其他个体防护用品、安全器具。

第一节 气体检测设备

常用的气体检测设备主要有两种:便携式气体检测报警仪和气体检测管装置,如图 1-7、图 1-8 所示。

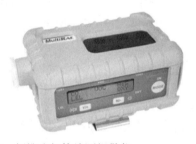

图 1-7 便携式气体检测报警仪

图 1-8 气体检测管装置

一、便携式气体检测报警仪

1. 定义

能连续实时地显示被测气体的浓度,达到设定报警值时可实时报警的仪器。主要用于检测有限空间中氧气、可燃气体、硫化氢、一氧化碳等气体浓度。

2. 工作原理

便携式气体检测报警仪的工作原理:被测气体以扩散或泵吸的方式进入检测报警仪内,与传感器接触后发生物理、化学反应,并将产生的电压、电流、温度等信号转化成与其有确定对应关系的电量输出。经放大、转化、处理后给予显示所测气体的浓度。当浓度达到预设报警值时,仪器自动发出声光报警,如图 1-9 所示。

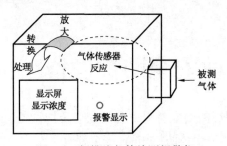

图1-9 便携式气体检测报警仪
工作原理示意图

3. 分类

1）按检测气体种类分类

（1）可燃气体检测报警仪：检测硫化氢、一氧化碳、甲烷。

（2）有毒气体检测报警仪：检测硫化氢、一氧化碳、苯。

（3）氧气检测报警仪。

2）按仪器上设置的传感器数量分类

（1）单一式检测报警仪：仪器上只安装一个气体传感器，比如可燃气体检测报警仪、硫化氢检测报警仪等。

（2）复合式检测报警仪：将多种气体传感器安装在一台检测仪器上，比如四合一、五合一气体检测报警仪。

3）按获得气体样品的方式分类

（1）扩散式检测报警仪：通过有毒有害气体的自然扩散，使气体成分到达检测仪上而达到检测目的的仪器。

（2）泵吸式检测报警仪：通过使用外置吸气泵或者一体化吸气泵，将待测气体引入检测仪器中进行检测的仪器。

4. 选用原则

1）复合式与单一式的选择

复合式气体检测报警仪自身集成了多种传感器，可实现"一机多测"的功能，因此广泛应用在有限空间气体检测领域，是目前使用最多的一种检测器。

单一式气体检测报警仪一般与其他单一式气体检测报警仪或二合一、三合一类传感器数量少的复合式气体检测报警仪配合使用，如硫化氢检测报警仪与氧气/可燃气体检测报警仪配合使用对污水井进行检测。

2）泵吸式与扩散式的选择

泵吸式气体检测报警仪是在仪器内安装或外置采气泵，通过采气导管将远距离的气体"吸入"检测仪器中进行检测，其优点是能够使检测人员在有限空间外进行检测,最大程度保证其生命安全。使用中要注意采样泵的抽力和流量以及采气导管随长度增加而带来的吸附问题。

扩散式检测报警仪主要依靠自然空气对流将气体样品带入检测报警仪中与传感器接触反应。能够真实反映环境中气体的自然存在状态,但无法进行远距离采样。通常情况下适合作业人员随身携带进入有限空间,将其固定在呼吸带附近,对作业人员加以保护。

5. 操作方法

1）检测前检查

（1）长时间按住"开关键",打开仪器。

（2）自检。自检的过程主要是稳定传感器和调用一些设置程序。

（3）检查是否有电。注意不能在易燃易爆环境中进行更换电池。

（4）校准。在相对"清洁"的环境下开机。观察显示屏的数值是否为"0"或"20.9%"。

（5）测试。根据操作手册的提示,使用标准气体进行测试。如果读数在标准气体浓度的 10% 上下,则说明这台仪器是准确的,否则应重新进行标定或更换检测器。

2）现场检测

使用泵吸式气体检测报警仪,将采气导管一端与仪器进气口相连,另一端投入到有限空间内,使气体通过采气导管进入到仪器中进行检测。

使用扩散式气体检测报警仪,被测气体直接通过自然扩散方式进入到仪器中进行检测。

被测气体与传感器接触发生相应的反应,产生电信号,并转换成为数字信号显示。检测人员读取数值并进行记录。当气体浓度超过设定的报警值时,蜂鸣器会同时发出声光报警信号。

3）关机

检测结束后,关闭仪器。需要注意的是,气体检测报警仪在关闭前要保证检测仪器内的气体全部反应掉,读数重新显示为"0"或"20.9%"时,才可关闭,否则会对下次使用产生影响。

每个厂家的气体检测仪器都有着不同的操作菜单和设置参数的过程,在实际操作中,应认真阅读仪器的操作技术手册,根据要求熟练掌握仪器的使用。

6. 注意事项

1)定期检定

按照国家对检测器的计量标准,如 JJG 695—2003《硫化氢气体检测仪检定规程》、JJG 693—2007《可燃气体检测报警器检定规程》等,至少每年将仪器送至专业的检测检验机构检定一次。

2)各种不同传感器间的检测干扰

某些气体的存在或气体浓度的高低对传感器的正常工作会产生影响。例如,氧气含量不足对用催化燃烧传感器测量可燃气体浓度会有很大的影响。因此,在测量可燃气体的时候,一定要测量伴随的氧气含量。

3)各类传感器的寿命

催化燃烧式可燃气体传感器的寿命较长,一般可以使用 3 年左右。红外和光离子化检测仪的寿命为 3 年或更长一些。电化学特定气体传感器的寿命相对短一些,一般在 1~2 年。氧气传感器的寿命最短,大概在 1 年左右。

4)检测仪的浓度检测范围

检测仪器要在测量范围内使用,测量范围之外的检测,其准确度是无法保证的。而若长时间在测定范围以外进行检测,还可能对传感器造成永久性的破坏。常用的气体传感器的检测范围见表 1-9。

表 1-9　常见气体传感器的检测范围、分辨率、最高承受限度

传感器	检测范围, mg/m^3	分辨率	最高浓度, mg/m^3
一氧化碳	0~625	1.250	1875
硫化氢	0~152	1.518	759
二氧化硫	0~57	0.286	429
一氧化氮	0~335	1.339	1339
氨气	0~50	0.804	200

二、气体检测管装置

1. 组成

气体检测管装置由以下几部分组成：

（1）检测管；

（2）采样器；

（3）预处理管；

（4）附件。

2. 工作原理

气体检测管装置主要依靠气体检测管变色进行检测。其原理如图 1-10 所示。气体检测管内填充有吸附了显色化学试剂的指示粉。当被测空气通过检测管时，有害物质与指示粉迅速发生化学反应，被测物质浓度的高低，将导致指示粉产生相应的颜色变化。根据指示粉颜色变化从而对有害物质进行快速的定性和定量分析。

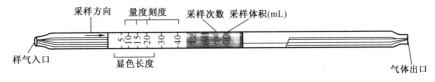

图 1-10　气体检测管工作原理示意图

3. 检测管的分类

（1）比长式气体检测管：根据指示粉变色部分的长度确定被测组分的浓度值。

（2）比色式气体检测管：根据指示粉的变色色阶确定被测组分的浓度值。

（3）比容式气体检测管：根据产生一定变色长度或变色色阶的采样体积确定被测组分的浓度值。

（4）短时间型气体检测管：用于测定被测组分的瞬时浓度。

（5）长时间型气体检测管：用于测定被测组分的时间加权平均浓度。

（6）扩散型气体检测管：利用气体扩散原理采集样品的气体检测管装置。该类型装置不使用采样器。

4. 采样器的分类

采样器是与检测管配套使用的手动或自动采样装置，可以分为以下几种：

（1）真空式采样器：采样器用真空气体原理，使气体首先通过检测管后再被吸入采样器中。

（2）注入式采样器：采样器采用活塞压气原理，将先吸入采样器内的气体压入检测管。

（3）囊式采样器：采样管采用压缩气囊原理，压缩具有弹性的气囊达到压缩状态后，通过气囊恢复过程，使气体首先通过检测管后再被吸入采样器中。

5. 选用原则

价格低廉的检测工具，是便携式气体检测报警仪的补充，它能检测除氧气、可燃气体以外的大部分有毒有害气体的浓度，主要用于检测二氧化碳、硫化氢等有毒有害气体。

6. 操作方法

（1）取出检测管，将检测管的两端封口在真空采样器的前端小切割孔上折断，如图1-11所示。

（2）把检测管插在采样器的进气口上（检测管上的进气箭头指向采样器）。如图1-12所示。

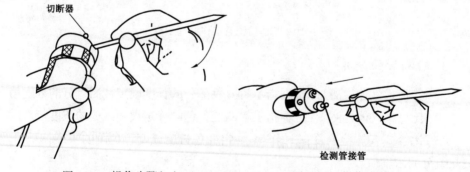

图1-11　操作步骤（1）　　　　　图1-12　操作步骤（2）

（3）对准所测气体，转动采样器手柄，使手柄上的红点与采样器后端盖上的红线相对，如图1-13所示。

（4）拉开手柄到所需位置（采气量为100mL或50mL，由采样器上的卡销定位），将手柄旋转90°固定。等待2～3min，当检测管变色的前端不再往前移动时，取下检测管，从检测管上即可读出所测气体的浓度，如图1-14所示。

图 1-13 操作步骤(3)

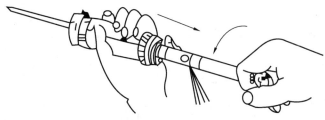

图 1-14 操作步骤(4)

（5）测量完毕后转动手柄使红点与刻线错开,将手柄推回原位。

（6）当检测管要求的采气量大于 100mL 时,不用拔下检测管,直接再拉手柄第二次取气。同时可用采样器后端的计数器累计采气次数。移动计数器使计数器上的数字与红线相对即可。

7. 注意事项

（1）检测管和采样器连接时,注意检测管上箭头指示方向。

（2）作业现场存在有干扰气体时,应使用相应的预处理管。

（3）检测管在 10～30℃温度下使用时,测定值一般不需要修正。当现场温度超过规定温度范围时,应用温度校正表对测量值进行校准。

（4）对于双刻度检测管应注意刻度值的正确读法。

（5）使用检测管时要检查有效期。

（6）检测管应与相应的采样器配套使用。

（7）采样前,应对采样器的气密性进行试验。

第二节　呼吸防护用品

呼吸防护用品是防御缺氧空气和空气污染物进入呼吸道的防护用品。

一、呼吸防护方法

呼吸防护方法可分为：
（1）净气法（过滤法）；
（2）供气法。

二、呼吸防护用品的分类

根据呼吸防护方法对呼吸防护用品进行分类，如图 1–15 所示。

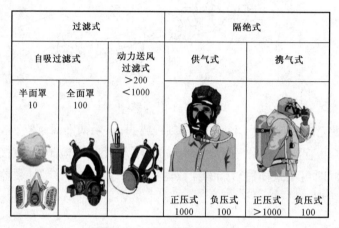

图 1–15　呼吸防护用品分类

1. 过滤式呼吸防护用品

1）定义及分类

借助过滤材料将空气中的有害物去除，得到干净的空气供人呼吸。其中靠使用者吸气克服过滤阻力的称为自吸过滤式呼吸防护用品，靠动力（如电动风机）克服过滤阻力的称为动力送风过滤式呼吸防护用品。

2）组成

过滤式呼吸防护用品主要由过滤部件和面罩两部分组成。有些是过滤部件与面罩之间由呼吸管连接，而简易防尘口罩则用过滤材料构成面罩本体。

3）过滤式呼吸防护用品的滤料分类

从过滤材料特点分析，每类都有适用的范围，通常有防尘、防毒以及尘毒组合防护三类。

防尘滤料只对粉尘、烟和雾等颗粒物有效。防有害气体和蒸气的是装填了各种活性炭的装置,较大容量的称为滤毒罐,较小容量的称为滤毒盒。由于活性炭的处理方法不同,有些只可过滤有机蒸气,有些只过滤硫化氢气体,有些则适用面较广。尘毒组合防护的过滤部件由防尘、防毒滤料组合而成。

4)面罩分类

从面罩部分分析,自吸过滤式又分半面罩和全面罩两种。半面罩可罩住口、鼻部分,有些也包括下巴。全面罩罩住整个面部区域,包括眼睛。由于人脸是曲面,半面罩的密合会比较困难,全面罩较易密合。从其他方面看,半面罩重量较轻,戴起来轻便,但不能同时防护眼睛。全面罩既保护呼吸,又保护眼睛,但如果没有配眼睛架,本身需要戴近视镜的人就无法使用。

5)局限性

过滤式呼吸防护用品不产生氧气,不适合缺氧环境,容量也有限。防毒滤料的防护时间会随有害物浓度升高而缩短,防尘滤料会因粉尘的累积而增加阻力,所以都需要定期更换。

自吸过滤式呼吸防护用品靠使用者吸气过滤有害物,给呼吸增加一定负荷,在高强度作业时会有呼吸困难的感觉。

动力送风式呼吸防护用品借助动力克服阻力,可自动送风,使用时会感觉舒适一些。

2. 隔绝式呼吸防护用品

1)定义及分类

隔绝式呼吸防护用品将使用者呼吸器官与有害空气环境隔绝。靠本身携带的气源(携气式)或导气管(供气式)引入作业环境以外的洁净空气供使用者呼吸。

隔绝式呼吸防护用品还分正压式和负压式两种。如果在任一呼吸循环过程中,面罩内压力始终保持大于环境的气压,则为正压式,否则为负压式。有害物质不可能进入正压式面罩,因而正压式的安全性较高。有两种方法可做到正压:一种方法是连续供气,另一种方法是使用压力需量阀。

2)面罩分类

正压式呼吸防护用品的送气导入装置可以是密合型面罩,也可以是送气头罩或开放型面罩。送气头罩的密合性相对较好。

3）适用范围

由于不靠过滤材料过滤有害物,隔绝式呼吸防护用品适用于各类有害物存在的情况。

受携带气源(气瓶或生氧装置)容量的限制,携气式的使用时间只与气源容量和使用者呼吸量有关,与环境中有害物浓度无关,所以使用时间比较确定。使用者自己携带气源及全套设备,自主控制,活动性较强,但因设备较重,需要使用者有好的体力。进入狭小空间时,该装置的使用也会受到一定限制。

供气式可将洁净空气源源不断地通过长管供给使用者,在系统运行正常的情况下,使用时间不受限制。但空气管会限制使用者的活动范围,而且呼吸管有使用者自己无法控制的意外断开的可能性。

三、呼吸防护用品的选择

既然不存在万能的防护,那么就应确定防护原则,应对最危险的环境提供最安全的防护。严格限制最危险环境选用的呼吸防护用品种类,提高作业的安全性。

1. 一般原则

(1)在没有防护的情况下,任何人都不应暴露在能够或可能危害健康的空气环境中。

(2)应对有限空间作业中的空气环境进行评价,识别有害环境性质,判定危害程度。

(3)应首先考虑采取工程措施控制有害环境的可能性。若工程控制措施因各种原因无法实施,或无法完全消除有害环境,以及在工程控制措施未生效期间,应根据相关规定选择适合的呼吸防护用品。

(4)应选择国家认可的、符合标准要求的呼吸防护用品。

(5)选择呼吸防护用品时也应参照使用说明书的技术规定,符合其适用条件。

(6)若需要使用呼吸防护用品预防有害环境的危害,用人单位应建立并实施规范的呼吸保护计划。

2. 根据有害环境选择

(1)识别有害环境性质。

(2)判定危害程度。

(3)根据危害程度选择呼吸防护用品。

（4）根据空气污染物种类选择呼吸防护用品。

四、常用的呼吸防护用品

根据有限空间特点,作业中通常使用的呼吸防护用品有:防毒面具、长管呼吸器、正压式空气呼吸器、紧急逃生呼吸器。

1. 防毒面具

防毒面具是一种过滤式的呼吸防护用品,一般由面罩、滤毒罐、导气管、防毒面具袋等组成,如图1-16所示。其利用面罩与人面部周边形成密合,使人员的眼睛、鼻子、嘴巴和面部与周围染毒环境隔离,同时依靠滤毒罐中吸附剂的吸附、吸收、催化作用和过滤层的过滤作用将外界染毒空气进行净化,提供人员呼吸用洁净空气。

图 1-16 防毒面具
1—面罩;2—滤毒罐;3—导气管

1）分类

（1）导管式防毒面具:由将眼、鼻和口全遮住的全面罩、大型或中型滤毒罐和导气管组成。防护时间较长,一般由专业人员使用。

（2）直接式防毒面具:由全面罩或半面罩直接与小型滤毒罐或滤毒盒相连接。

2）选用原则

（1）在非立即威胁生命和健康浓度（IDLH）环境中单独使用,如氧气含量合格以及有毒有害气体浓度低于 IDLH 值的环境。

（2）防毒面具的防护因数应大于作业环境的危险因数。

（3）选择防毒面具时要注意面罩与佩戴者面部的贴合程度。

（4）当有限空间中存在的有毒有害气体不止一种,且不属于一种过滤件类型时,应选择复合型的滤毒罐。

3）使用方法

（1）检查。检查面罩的气密性和滤毒罐的有效性。

（2）连接。选择合适的滤毒罐,打开封口,将其与面罩上的螺口对齐并旋紧,若使用导管式防毒面具,导气管两端分别接面罩和滤毒罐。

(3)佩戴。松开面罩的带子,一手持面罩前端,另一手拉住头带,将头带往后拉罩住头顶部(要确保下巴正确位于下巴罩内),调整面罩,使其与面部达到最佳的贴合程度。

使用导管式防毒面具时,将滤毒罐装入防毒面具袋内,固定在身体上。

2. 长管呼吸器

长管呼吸器是使佩戴者的呼吸器官与周围空气隔绝,并通过长管输送清洁空气供呼吸的防护用品,属于隔绝式呼吸器中的一种。

根据供气方式不同可以分为自吸式长管呼吸器、连续送风式长管呼吸器和高压送风式长管呼吸器三种,详情见表1-10。

表 1-10　长管呼吸器的分类及组成(标准)

长管呼吸器种类	系统组成主要部件及次序				供气气源
自吸式长管呼吸器	密合型面罩[a]	导气管[a]	低压长管[a]	低阻过滤器[a]	大气[a]
连续送风式长管呼吸器		导气管[a]+流量阀[a]	低压长管[a]	过滤器[a]	风机[a] 空压机[a]	大气[a]
高压送风式长管呼吸器	面罩[a]	导气管[a]+供气阀[b]	中压长管[b]	高压减压器[c] 过滤器[c]	高压气源[c]
所处环境	工作现场环境		工作保障环境		

[a] 承受低压部件。
[b] 承受中压部件。
[c] 承受高压部件。

1)自吸式长管呼吸器

自吸式长管呼吸器的结构示意图如图1-17所示。

这种呼吸器要依靠自身的肺动力,因此在呼吸过程中不可能总是维持面罩内为微正压。一旦面罩内的压力下降为微负压时,很有可能造成外部受污染的空气进入面罩内。所以这种呼吸器不宜在毒物危害大的场所使用。

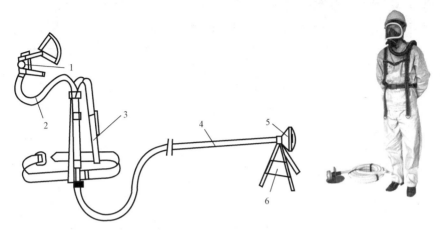

图 1-17 自吸式长管呼吸器示意图

1—密合面罩；2—导气管；3—背带和腰带；4—低压长管；5—空气输入口（低阻过滤器）；6—警示板

自吸式长管呼吸器依靠佩戴者自身的肺动力，作业人员在从事重体力劳动时会感觉呼吸不畅。一般只能用于作业距离短，劳动强度低，有毒有害气体浓度低的环境。

2）连续送风式长管呼吸器

（1）电动送风式长管呼吸器。

电动送风式长管呼吸器结构示意图如图1-18所示。

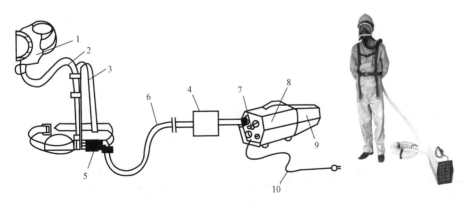

图 1-18 电动送风式长管呼吸器结构示意图

1—密合面罩；2—导气管；3—背带和腰带；4—空气调节带；5—流量调节器；
6—低压长管；7—风量转换开关；8—电动送风机；9—过滤器；10—电源线

电动送风式长管呼吸器送风量见表1-11。

表1-11 电动送风呼吸器送风量

人数	低压长管送风量, L/min			
	低压长管长度10m	低压长管长度20m	低压长管长度30m	低压长管长度40m
1	110~130	70~90	60~80	50~70
2	150~170	110~130	90~110	70~90
3	190~210	140~160	110~130	90~110
4	220~240	160~180	130~150	110~130
5	250~270	180~200	150~170	130~150

（2）手动送风式长管呼吸器。

手动送风式长管呼吸器结构示意图如图1-19所示。

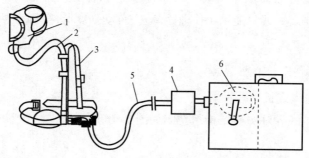

图1-19 手动送风式长管呼吸器结构示意图

1—密合面罩；2—导气管；3—背带和腰带；4—空气调节带；5—低压长管；6—手动风机

（3）高压送风式长管呼吸器。

高压送风式长管呼吸器结构示意图如图1-20所示。

3. 正压式空气呼吸器

正压式空气呼吸器又称自给开路式空气呼吸器,属于自给开路式压缩空气呼吸器的一种,示意图如图1-21所示。该类呼吸器将佩戴者呼吸器官、眼睛和面部与外界染毒空气或缺氧环境完全隔绝,自带压缩空气源,呼出的气体直接排入外部,能够保证人员在充满浓烟、毒气、蒸气或缺氧的恶劣环境下安全地进行抢险救援工作。

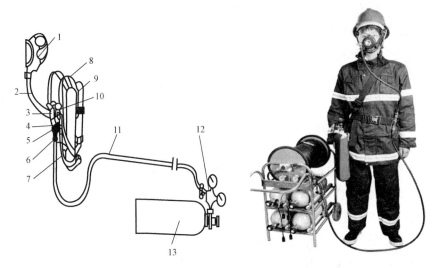

图 1-20　高压送风式长管呼吸器结构示意图

1—全面罩；2—吸气管；3—肺力阀；4—减压阀；5—单向阀；6—软管接合器；7—高压导管；8—着装带；
9—小型高压空气容器；10—压力指示器；11—空气导管；12—减压阀；13—高压空气容器

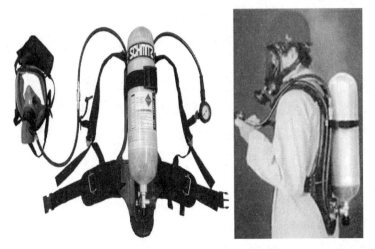

图 1-21　正压式空气呼吸器结构示意图

1）适用条件

正压式空气呼吸器使用温度一般在 -30～60℃，且不能在水下使用。

正压式空气呼吸器一般供气时间在 30～40min 间，主要用于应急救援，一般不作为作业过程中的呼吸防护用品。

2）使用方法

（1）使用前的检查、准备工作。

打开空气瓶开关，气瓶内的储存压力一般为 28～30MPa，随着管路、减压系统中压力的上升，会听到余压报警器报警。

关闭气瓶阀，观察压力表的读数变化，5min 内若压力表读数下降不超过 2MPa，则表明供气管系高压气密性好。否则，应检查各接头部位的气密性。

通过供给阀的杠杆，轻轻按动供给阀膜片组，使管路中的空气缓慢地排出。当压力下降至 4～6MPa 时，余压报警器应发出报警声音，并且连续响到压力表指示值接近零。否则，就要重新校验报警器。

检查压力表有无损坏，连接是否牢固。

检查中压导管是否老化，有无裂痕，有无漏气处，与供给阀、快速接头、减压器的连接是否牢固，有无损坏。

检查供给阀的动作是否灵活，是否缺件，与中压导管的连接是否牢固，是否损坏，供给阀和呼气阀是否匹配。带上呼气器，打开气瓶开关，按压供给阀杠杆使其处于工作状态。在吸气时，供给阀供气，有明显的"咝咝"响声。在呼气或屏气时，供给阀停止供气，没有"咝咝"的响声，说明匹配良好。如果在呼气或屏气时供给阀仍在供气，可以听到"咝咝"声，说明不匹配，应校验正压式空气呼气阀的通气阻力，或调换全面罩，使其达到匹配要求。

检查全面罩的镜片、系带、环状密封、呼气阀、吸气阀是否完好，有无缺件，和供给阀的连接位置是否正确，连接是否牢固。全面罩的镜片及其他部分要清洁、明亮和无污物。检查全面罩与面部贴合是否良好并气密，方法是：关闭空气瓶开关，深吸数次，将空气呼吸器管路系统的余留气体吸尽。全面罩内保持负压，在大气压作用下全面罩应向人体面部移动，若人感觉呼吸困难，证明全面罩和呼气阀有良好的气密性。

检查空气瓶的固定是否牢固，它和减压器连接是否牢固、气密。背带、腰带是否完好，有无断裂处等。

（2）佩戴使用。

佩戴时，先将快速接头断开（以防在佩戴时损坏全面罩），然后将背托在人体背部（空气瓶开关在下方），根据身材调节好肩带、腰带并系紧，以合身、牢靠、舒适为宜。

把全面罩上的长系带套在脖子上,使用前将全面罩置于胸前,以便随时佩戴,然后将快速接头接好。

将供给阀的转换开关置于关闭位置,打开空气瓶开关。

戴好全面罩(可不用系带)后进行2～3次深呼吸,应感觉舒畅。屏气或呼气时,供给阀应停止供气,无"咝咝"的响声。用手按压供给阀的杠杆,检查其开启或关闭是否灵活。一切正常时,将全面罩系带收紧,收紧程度以既要保证气密又感觉舒适、无明显的压痛为宜。

撤离现场到达安全处所后,将全面罩系带卡子松开,摘下全面罩。

关闭气瓶开关,打开供给阀,拔开快速接头,从身上卸下呼吸器。

(3)注意事项:

① 有呼吸方面疾病的作业人员,不可担任需要呼吸器具的工作。

② 担任劳动强度较大的工作后,不应立即使用隔绝式呼吸器。

③ 需要呼吸器的工作,应有2人在一起伴行,以便彼此照应。

④ 佩戴者在使用中,应随时观察压力表的指示值,根据撤离到安全地点的距离和时间,及时撤离灾区现场,或听到报警器发出报警信号后(气瓶压力低于5.5MPa)及时撤离灾区现场。

⑤ 一旦进入空气污染区,呼吸器不应取下,直到离开污染区后,同时还应注意不能因能见度有所改善,就认为该区域已无污染,误将呼吸器卸下。

⑥ 打开气瓶阀时,为确保供气充足,阀门必须拧开2圈以上,或全部打开。

⑦ 气瓶在使用过程中,应避免碰撞、划伤和敲击,避免高温烘烤和高寒冷冻及阳光下曝晒,油漆脱落应及时修补,防止瓶壁生锈。在使用过程中发现有严重腐蚀或损伤时,应立即停止使用,提前检验,合格后方可使用。超高强度钢空气瓶的使用年限为12年。

⑧ 气瓶内的空气不能全部用尽,应留下不小于0.05MPa压力的剩余空气。

4. 紧急逃生呼吸器

当有限空间发生有毒有害气体泄漏,或突然性缺氧时,应使用紧急逃生呼吸器迅速撤离危险环境。紧急逃生呼吸器只用于在紧急情况下从有害环境逃生。紧急逃生呼吸器主要有压缩空气逃生器、自生氧氧气逃生器等,如图1-22、1-23所示。

图 1-22　压缩空气逃生器

图 1-23　自生氧氧气逃生器

第三节　防坠落用具

有限空间作业中常涉及高处作业,为防止作业人员在作业过程中发生坠落事故,配备防坠落用具是十分必要的。

防坠落用具的主要组成部分包括安全带、安全绳、自锁器、缓冲器、三脚架等。

一、安全带

全身式安全带如图 1-24 所示。

安全带的使用和注意事项:

(1)在采购和使用安全带时,应检查安全带的部件是否完整,有无损伤,金属配件的各种环不得是焊接件,边缘光滑。

(2)使用围杆安全带时,围杆绳上有保护套,不允许在地面上随意拖着绳走,以免损伤绳套影响主绳。

(3)悬挂安全带不得低挂高用,这是因为低挂高用在坠落时受到的冲击力大,对人体伤害也大。

(4)架子工单腰带一般使用短绳较安全,如需要长绳,以选用双背带型安全带为宜。

(5)使用安全绳时,不允许打结,以免发生坠落受冲击时绳从打结处切断。

(6)当单独使用 3m 以上长绳时,应考虑补充措施,如在绳上加缓冲器、自锁钩

图1-24　全身式安全带解析

1—背部 D 形环；2—D 形环延长带；3—肩部 D 形环；4—胸带；5—腿带；6—软垫；7—腰带；
8—下骨盆带；9—侧面 D 形环；10—胸部 D 形环；11—向上箭头指示；12—侧肋环

或速差式自控器等。

（7）缓冲器、自锁钩和速差式自控器可以单独使用，也可联合使用。

（8）安全带在使用 2 年后应抽验一次，频繁使用应经常进行外观检查，发现异常必须立即更换。定期或抽样试验用过的安全带，不准再继续使用。

二、自锁器

由坠落动作引发制动作用的部件，又称导向式防坠器、抓绳器等。其具体形式如图 1-25 所示。

自锁器可依据使用者速度随着使用者向上移动，一旦发生坠落可瞬时锁止，最大限度降低坠落给人体带来的冲击力。

图 1-25　自锁器

三、速差式自控器

速差式自控器安装在挂点上,装有可伸缩长度的绳(带、钢丝绳),坠落发生时因速度变化引发制动作用,又称速差器、收放式防坠器等。其具体形式如图 1-26 所示。

四、安全绳

安全绳是在安全带中连接系带与挂点的绳。其具体形式如图 1-27 所示。一般与缓冲器配合使用,起扩大或限制佩戴者活动范围、吸收冲击能量的作用。

 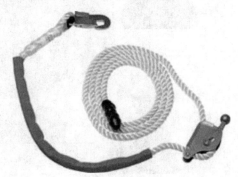

图 1-26　速差式自控器　　　　　　图 1-27　安全绳

安全绳按材料类别分为织带式、纤维绳式、钢丝绳式和链式。

安全绳按照作业类别分为围杆作业安全绳、区域限制用安全绳、坠落悬挂用安全绳。

五、缓冲器

缓冲器串联在系带和挂点之间,发生坠落时吸收部分冲击能量、降低冲击力的零部件。其具体形式如图 1-28 所示。

六、连接器

可以将两种或两种以上元件连接在一起,具有常闭活门的环状零件。其具体形式如图 1-29 所示,一般用于组装系统或用于将系统与挂点相连。

七、三脚架

三脚架主要应用于需要防坠或提升装置,但没有可靠挂点的有限空间(如地下井),作为临时设置的挂点,与绞盘、安全绳、安全带配合使用。其具体形式如图 1-30 所示。

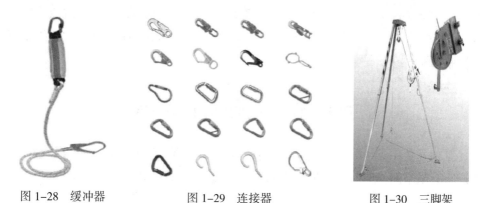

图 1-28　缓冲器　　　　　图 1-29　连接器　　　　　图 1-30　三脚架

八、防坠落设备的选择

(1)安全带外观无技术缺陷、标记齐全。

(2)坠落防护器具尺寸适合使用者身材。

(3)产品拥有质量保证书或检验检测报告,且证书和报告均有效。

(4)所选器具应适应工作环境要求。

(5)视使用者下方的安全空间大小选择安全带和安全绳长度。

(6)在有生产许可证的厂家或有特种防护用品定点经营证的商店购买。

九、防坠落用具的使用

1. 三脚架的使用

(1)逆时针摇动绞盘手柄,同时拉出绞盘绞绳,并将绞绳上的定滑轮挂于架头上的吊耳上(正对着固定绞盘支柱的一个)。

(2)移动三脚架至需施救的井口上。将三支柱适当分开角度,令底脚防滑平面着地,用定位链穿过三个底脚的穿孔。调整长度适当后,拉紧并将其相互勾挂在一起,防止三支柱向外滑移。必要时,可用钢钎穿过底脚插孔,砸入地下定位底脚。

2. 设置挂点

(1)挂点至少应承受 22kN 的力(大约 2t)。

挂点的位置应尽量在作业点的正上方,如果条件限制,不能在正上方设挂点,绞绳的最大摆动幅度不应大于 45°,且应确保在摆动情况下不会碰到侧面的障碍物,以免造成伤害。

(2)挂点的高度应能避免作业人员坠落后触及其他障碍物,以免造成二次伤害;如使用的是水平柔性导轨,则在确定安全空间的大小时应充分考虑发生坠落时导轨的变形。

第四节　其他防护用品

其他防护用品主要包括安全帽、防护服、防护眼镜、防护手套、防护鞋(靴)等。在进行有限空间作业时应根据具体的作业环境进行选择和佩戴。

一、安全帽

安全帽是防冲击时主要使用的防护用品,主要用来避免或减轻在作业场所发生的高空坠落物、飞溅物体等意外撞击对作业人员头部造成的伤害。其具体形式如图 1-31 所示。

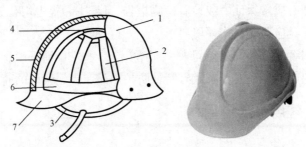

图 1-31　安全帽

1—帽体;2—帽衬分散条;3—系带;4—帽衬顶带;5—吸收冲击内衬;
6—帽衬环形带;7—帽沿

注意事项:

(1)应使用质检部门检验合格的产品。

(2)根据安全帽的性能、尺寸、使用环境等条件,选择适宜的品种。

(3)佩戴前,应检查安全帽各配件有无破损,装配是否牢固,帽衬调节部分是否卡紧、插口是否牢靠、绳带是否系紧等。

(4)安全帽用冷水清洗,不可放在暖气片上烘烤,不应储存在有酸碱、高温(50℃以上)、阳光、潮湿等处,避免重物挤压或尖物碰刺。

二、防护服

1. 类别

防护服的类别见表 1-12。

表 1-12　防护服类别

编号	作业类别 环境类型	可以使用的防护用品	建议使用的防护用品
1	存在易燃易爆气体、蒸气或可燃性粉尘	化学品防护服 阻燃防护服 防静电服 棉布工作服	防尘服 阻燃防护服
2	存在有毒气体、蒸气	化学防护服	
3	存在一般污物	一般防护服 化学品防护服	防油服
4	存在腐蚀性物质	防酸(碱)服	
5	涉水	防水服	

其中,化学防护服及防水服的具体形式如图 1-32、图 1-33 所示。

图 1-32　化学防护服　　　　图 1-33　防水服

2. 注意事项

（1）必须选用符合国家标准、并具有《产品合格证》的防护服。

（2）穿用防护服时应避免接触锐器,防止受到机械损伤。

（3）使用后,严格按照产品使用与维护说明书的要求进行维护,修理后的防护服应满足相关标准的技术性能要求。

（4）根据防护服的材料特性,清洗后应选择晾干,尽量避免曝晒。

（5）存放时要远离热源,通风干燥。

三、防护手套

有限空间常使用的是耐酸碱手套、绝缘手套及防静电手套,如图1-34、图1-35、图1-36所示。

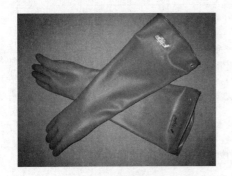  

图1-34　耐酸碱手套　　　　图1-35　绝缘手套　　　　图1-36　防静电手套

四、防护鞋

有限空间作业中应根据作业环境需要进行选择,如在存在酸、碱腐蚀性物质的环境中作业需穿着耐酸碱的胶靴,如图1-37所示;在有易燃易爆气体的环境中作业需穿着防静电鞋等,如图1-38所示。

注意事项:

（1）使用前要检查防护鞋是否完好,自行检查鞋底、鞋帮处有无开裂,出现破损后不得再使用。对于绝缘鞋应检查电绝缘性,不符合规定的不能使用。

（2）对非化学防护鞋,在使用中应避免接触到腐蚀性化学物质,一旦接触后应及时清除。

（3）防护鞋应定期进行更换。

图 1-37　耐酸碱胶靴

图 1-38　防静电鞋

（4）防护鞋使用后清洁干净,放置于通风干燥处,避免阳光直射、雨淋及受潮,不得与酸、碱、油及腐蚀性物品存放在一起。

五、防护眼镜

有限空间内进行冲刷和修补、切割等作业时,沙粒或金属碎屑等异物进入眼内或冲击面部;焊接作业时的焊接弧光,可能引起眼部的伤害;清洗反应釜等作业时,其中的酸碱液体、腐蚀性烟雾进入眼中或冲击到面部皮肤,可能引起角膜或面部皮肤的烧伤。为防止有毒刺激性气体、化学性液体对眼睛的伤害,需佩戴封闭性护目镜或安全防护面罩,如图 1-39、图 1-40 所示。

图 1-39　护目镜

图 1-40　防护面罩

第五节　安全器具

为保证有限空间作业安全,在作业过程中还应配备包括通风设备、照明设备、通信设备、安全梯在内的安全器具。

一、通风设备

有限空间作业前和作业过程中,通常采取强制性持续通风措施降低危险,保持空气流通。根据有限空间特点,风机须与风管相连,将新鲜空气有效送至作业面。风机及发电机的结构形式如图 1-41 所示。

图 1-41 (防爆型)风机及发电机

二、照明设备

有限空间作业环境光线比较微弱,因此应携带照明灯具才能进入。这些场所潮湿且可能存在易燃易爆物质,所以照明灯具的安全性显得十分重要。按照有关规定在这些场所使用的照明灯具应用 36V 以下的安全电压;在潮湿的金属容器、狭小空间内作业应用 12V 安全电压。在有可能存在易燃易爆物质的作业场所,还必须配备达到防爆等级的照明器具,如防爆手电筒、防爆照明灯,如图 1-42 所示。

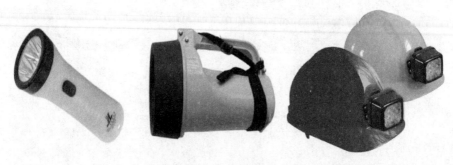

图 1-42 照明设备

三、通信设备

在有限空间内作业,往往监护人员与作业人员因距离或转角而无法直接交流,监护人员无法了解和掌握作业人员情况,因此必须配备必要的通信器材,与作业者保持定时联系。考虑到有毒有害危险场所可能具有易燃易爆的特性,所以所配置的通信器材也应该选用防爆型的,如防爆电话、防爆对讲机等,如图 1-43 所示。

图 1-43 防爆对讲机

四、安全梯

安全梯是用于作业人员上下地下井、坑、管道、容器等的通行器具,也是事故状态下逃生的通行器具。其具体形式如图 1-44、图 1-45、图 1-46 所示。

图 1-44 直梯　　　　图 1-45 折梯　　　　图 1-46 软梯

注意事项:

(1)使用前应检查梯子及其部件是否完好,是否有损害、腐蚀等情况。

(2)使用时,梯子应加以固定,防止滑倒;也可设专人扶挡。

(3)在梯子上作业时,应设专人进行安全监护。梯子上有人作业时不准移动梯子。

(4)梯子上只允许 1 人在上面作业。

(5)折梯上部的第二踏板为最高安全站立高度,应涂红色标志。梯子上第一踏板不得站立或超越。

第六章　事故应急救援

第一节　应急救援基本知识

一、应急救援的原则

发生有限空间事故后应立即拨打 119、120，以尽快得到消防队员和急救专业人员的救助。如消防和急救人员不能及时到达事故现场进行救援时，尽可能施行非进入救援，不得进入有限空间进行救援。

以下情况采取最好级别防护措施后方可进入救援：

（1）有限空间内有害环境性质未知。

（2）缺氧或无法确定是否缺氧。

（3）空气污染物浓度未知、达到或超过 IDLH 浓度。

（4）根据有限空间的类型和可能遇到的危害，觉得需要采用应急救援方案。

二、应急救援基本知识

从有限空间的定义可以知道，有限空间狭窄，可能导致救援困难。因此，必须有书面的有限空间救援程序来明确可能发生的救援行动的相关要求。

1. 事故应急救援的基本任务

事故应急救援的总目标是通过有效的应急救援行动，尽可能地降低事故的后果，包括人员伤亡、财产损失和环境破坏等。事故应急救援的基本任务包括下述几个方面：

（1）立即组织营救受害人员，组织撤离或者采取其他措施保护危害区域内的其他人员。抢救受害人员是应急救援的首要任务，在应急救援行动中，快速、有序、有效地实施现场急救与安全转送伤员是降低伤亡率、减少事故损失的关键。由于重大事故发生突然、扩散迅速、涉及范围广、危害大，应及时指导和组织群众采取各种措施进行自身防护,必要时迅速撤离危险区或可能受到危害的区域。在撤离过程中,应积极组织群众开展自救和互救工作。

(2)迅速控制事态,并对事故造成的危害进行检测、监测,测定事故的危害区域、危害性质及危害程度。及时控制住造成事故的危险源是应急救援工作的重要任务,只有及时地控制住危险源,防止事故的继续扩展,才能及时有效进行救援。特别对发生在城市或人口稠密地区的化学事故,应尽快组织工程抢险队与事故单位技术人员一起及时控制事故。

(3)清理好现场,消除危害后果。针对事故对人体、动植物、土壤、空气等造成的现实危害和可能的危害,迅速采取封闭、隔离、洗消、监测等措施,防止对人的继续危害和对环境的污染。及时清理废墟和恢复基本设施,将事故现场恢复至相对稳定的状态。

(4)查清事故原因,评估危害程度。事故发生后应及时调查事故发生的原因和事故性质,评估出事故的危害范围和危险程度,查明人员伤亡情况,做好事故调查。

2. 事故应急救援的特点

应急工作涉及技术事故、自然灾害(引发)、城市生命线、重大工程、公共活动、公共卫生和人为突发事件等多个领域,构成一个复杂的系统,具有不确定性、突发性、复杂性和后果、影响易猝变、激化、放大的特点。

3. 事故应急救援的相关法律法规要求

近年来我国政府相继颁布的一系列法律法规,如《危险化学品安全管理条例》、《关于特大安全事故行政责任追究的规定》《中华人民共和国安全生产法》《特种设备安全法》等,对危险化学品、特大安全事故、重大危险源等应急救援工作提出了相应的规定和要求。

《中华人民共和国安全生产法》规定:生产经营单位的主要负责人应组织制定并实施本单位的生产安全事故应急救援预案,并告知从业人员和相关人员在紧急情况下应当采取的应急措施。县级以上地方各级人民政府应当组织有关部门制定本行政区域内生产安全事故应急救援预案,建立应急救援体系。

第二节　有限空间事故应急救援体系

拥有一支训练良好的应急救援队伍是有限空间作业一个非常重要的部分,但是应急救援队伍与应急救援程序不能代替前述的安全措施。因为控制有限空间事故关键在于预防,要尽量避免发生紧急意外情况,救援行动属于事后补救,即使实施应急预案,仍可能无法避免伤害的发生。

据统计显示,60%以上有限空间的伤亡事故发生在施救人员身上。因此,在进入有限空间前,必须完成相应的培训和应急救援计划,这样可以有效防止发生不必要的伤害。营救人员发生致命意外的原因有:

（1）由于事发紧急,营救人员容易情绪紧张,从而发生失误。

（2）冒不必要的险。

（3）事先没有制订针对性的反应计划。

（4）缺少有限空间营救培训。

一、救援安排

在授权人员进入有限空间作业前,必须确保相应的应急救援人员已经安排妥当,以便在进入人员需要帮助时随时到位,并清楚如何处置紧急情况。在必要的情况下,保证救援程序必需的设备与器材必须到位,并保证处于良好的状态。如果不清楚有限空间的危害,或者在紧急情况下反应不当,很容易发生意外。

实际上,在进行危害评估的时候,就应确定所需的紧急救援安排。这个安排将根据有限空间的状况、确认的风险和可能的紧急情况而作出。需要考虑的不但包括有限空间本身,还应包括其他可能发生意外而需要的救援。

以下是一则关于有限空间救援不当的案例:

2007年6月1日,北京某非开挖有限公司单位负责人柳某,定于当天9点30分,带领工人刘某、孙某、张某、朱某4人,到朝阳区麦子店朝阳公园路进行中水管道改造工程前期路上物探施工。9点20分许,在柳某尚未到达现场的情况下,张某不听现场其他工作人员劝阻,在未进行强制通风、未佩戴任何防护用品的情况下,私自打开好运街南广场一燃气井井盖,贸然下井,进入后立即晕倒。在井上的工人有一名报警求救,另一名去找救生绳,而朱某在未佩戴任何防护用品的情况下,贸然下井抢救,也晕倒在井内。后经医疗急救120、火警119将张某、朱某二人救出,张某经抢救脱离危险,朱某(22岁,河北人)却因缺氧窒息经抢救无效死亡。

有关的有限空间救援策略包括：

（1）在条件和环境允许的情况下，危害本身及相应的控制措施可以满足进入人员自救的条件。

（2）如果可行，由受训的人员使用非进入方式进行救援。

（3）由受训人员使用安全进入技术进行救援。

（4）使用外部的专业救援机构力量。

二、培训

任何人员，如果需要承担应急救援职责，必须接受相应的指导与培训，以确保其能够有效地承担职责。培训的要求将因工作职责的复杂程序与技巧性的不同而不同。

熟悉相关程序和设备器材是非常必要的，可以通过定期的培训与演练来实现。

应急救援人员需要清楚地了解可能导致紧急状况的原因，熟悉可能遇到的各种有限空间的救援计划与程序，迅速确定紧急状况的规模，评估其是否有能力实施安全的救援。培训时应考虑这些因素，以使应急救援人员获得相应的能力。

救援人员必须完全掌握救援设备、通信器材或医疗器具的使用与操作，必须在使用前检查确认所有的设备器材完全处于正常的工作状态。如果需要使用呼吸防护器具，还需要接受相关的培训。

三、救援策略

救援策略需仔细考虑如何触发报警和施救救援，并作为应急计划的一部分。必须确认一个方法，保证进入人员与外面的监护人员能够保持联系。紧急状况时可以通过众多方法来传递信息，比如拖动绳子、使用对讲机等。无论使用哪种方法，都必须保证可靠并能随时使用。

有限空间救援策略的选择必须经过仔细考虑。应优先选用不需要进入的收回方式。如果必须进入，要考虑到救援人员本身也可能发生意外受伤，需保证救援人员得到良好的保护。在危害评估阶段，必须考虑救援人员的防护措施是否有效。

采用的收回方式也需要进行仔细的计划与安排。救援过程通常需要使用提升设备与救生绳，即使是最强壮的人员常常也难以只依靠绳子将失去知觉的人员从有限空间内救出。救生绳应注意穿戴及调整，以便穿戴者能够从安全出口拖出。使用的救生绳还应适用于所使用的提升器与环境。

呼吸防护用品的使用经常被作为在紧急情况下的一种保护应急救援人员的方式。呼吸防护可以是正压式空气呼吸器（SCBA）或者供气方式。对于前者,要注意其最大使用时间。对于后者,合适的压缩空气供给是基本的要求,并且需要考虑供气管长度是否可以保证足够的供气压力。

有限空间开口的数量、尺寸与位置对于救援方式和救援设备的选择是非常重要的。提前确认救援人员在搭配适当设备的情况下能否安全及方便地通过开口是很必要的。经验显示,能够保证携带救援器材包括正压式空气呼吸器（SCBA）通过开口的最小尺寸为直径575mm。在开口受限的情况下,可以使用供气呼吸保护作为一个替代的选择。

目前,有限空间进入人员可以使用一种便携的逃生呼吸保护装置,适用于对预先设想到的紧急状况进行应急反应的情况,比如烟雾扩散或气体检测器报警。这种保护装置可以保证使用人员有足够的时间撤离危害区域。通常,装置由进入人员随身携带。或者放置于有限空间内,在有需要的时候使用。这种装置用于短时间且保证人员有足够时间撤离至安全地带的情况下。

另外,还需考虑及时召集应急服务的安排,包括通信联系方式。当有意外发生时,能够提供所有确知的信息,包括事件状况、到达后进入有限空间的风险等。

可能因为烟、雾等原因造成有限空间内能见度较低,为成功实施应急救援,还要明确在有限空间内是否需要使用照明。同时,如果可能存在易燃气体,照明装置要求是安全型的。

四、救援设备

必须有适当和足够的救援及应急处理设备器材,以确保可以及时安全地实施应急救援。相关器材必须得到良好的维护,随时处于正常待命状态。

所使用的救生绳、挂索和提升设备必须满足相关标准的要求。所有的救援人员必须接受培训,清楚如何使用救援设备。

挂索、救生绳对于高危险气体环境、有吞没卷入危害或其他严重威胁的有限空间进入是必需的。监护人员必须能够使用提升设备将人员脱离有限空间,进入人员必须穿戴好挂索以便自身处在能够营救的状态。

救援可能会发生在存在立即威胁生命和健康浓度（IDLH）、缺氧环境或未知气体的环境下,还需要考虑到正压式空气呼吸器（SCBA）或供气式呼吸防护器的要求。

必要的急救器材也应进行安排,以便紧急情况下在专业医疗服务提供前,可以进行初步的急救处理。

所有提供的相关设备必须进行正确的维护与检查,检查可能包括定期的检查与测试,应按生产厂家的要求和建议进行。对于挂索、救生绳、防护服及其他特殊装备,通常应包括外观检查,确认是否存在磨损或损坏的部分,尤其应注意承受重量的部位。如果发现问题,必须立即进行处理。应定期进行检查并保存检查记录。

五、救援书面程序

在有限空间作业进行前必须确保相应的救援程序已经确立,程序本身需要考虑:

（1）危害评估过程确定的所有危害。

（2）空间的尺寸、进入及离开的位置、撤离受伤人员的阻碍。

（3）需要的救援设备。

（4）救援人员需要的个人防护用品,包括用于立即威胁生命和健康浓度（IDLH）情形的呼吸防护器。

（5）内部作业人员、救援人员、有限空间进入监督及监护人员之间的联系方法。

（6）意外发生需要立即采取的程序。

（7）在营救过程中可能发生的危险,应当进行适当的评估,并采取控制措施。

（8）对失去知觉人员的营救方法。

六、应急救援方式

应急救援可分自救、无需进入的救援和进入救援。

在三种救援方式中,毫无疑问自救是最佳的选择。由于进入人员最清楚其自身的状况与反应,加之危害的紧迫性,通过自救的方式进行撤离比等待其他人员的救援更快、更有效。同时,又可避免其他人员的进入。因此,进入作业的过程中,如果进入人员发现有任何暴露变化或者其他的报警指示,必须立即停止作业,并迅速撤离。

其次无需进入的救援是安全应急救援方式。人员不需要进入到有限空间,只需借助相关的设备与器材(如连接进入人员的回收装置等),便可安全快速地将发生意外的进入人员拉出有限空间。因此,在一般情况下,建议进入人员配备回收器及提升系统,除非这些器材本身会带来新的危害或者限于有限空间结构的原因无法使用。

进入救援与上述无需进入的救援相反,由于有限空间的阻隔等原因,需要人员进入到有限空间内才能完成救援任务。由于人员需要进入,因此风险性比较大,往往需要进行特别的器材和救援技巧的培训。同时由于时间紧迫,往往容易发生疏漏。

七、有限空间应急救援的特点

1. 应急救援预防为主

对于进入作业坑、容器等受限空间作业,最好的预防办法就是提前放安全绳。保证作业过程中,工作人员将其随时拴在身上,遇到险情时,外部监护人员可立即将作业人员陆续牵引拉出。如果等到出事后再放绳子下去,不仅耽误时间,而且极易造成施救人员的伤亡。

一条绳子虽然简单,但救援效果却不一般,它是进入受限空间作业人员的最低配置。

2. 事故苗头早发现

在有限空间作业中,对于作业人员出现身体不适,如头晕、头痛、恶心、呕吐、气短等症状,要高度敏感,因为这极有可能就是中毒或缺氧所致。对于环境突然出现的异味、高温、高湿等,应高度重视,立刻查找原因,确认安全后方可继续工作。如果一时查不到原因,或者查到原因确认不具备安全作业条件时,应立即停止作业,撤离现场。

事故苗头要早发现,一是依靠作业人员自身提高警惕,二是依靠监护人员坚守岗位,明察秋毫,处理果断。

3. 情况不明别冒险

许多有限空间事故是作业过程中慢慢导致人员中毒、窒息的。此时,千万不可贸然进入,应根据所学的知识及现场环境,对作业环境进行一定的分析。

4. 通风不变应万变

在任何情况下,通风都是预防事故、抢险救援的有效手段。在作业前,不管有限空间情况如何,先利用鼓风机进行长时间的强制通风和输入新鲜空气,新鲜空气可对有毒有害、易燃易爆气体起到稀释作用。当出现险情时,在进入救援或等待救援人员到来前,也应向有限空间强制通风。如果不能做到强制通风,应尽可能打开一切可能的通气孔,进行自然通风。

5. 施救自身安全

发生有限空间事故时,救护人员要确保做好自身防护,如系好安全绳、戴上呼吸器、穿戴好防护服等,在确保自身安全后,方可进入有限空间实施抢救。如若不然,就极可能造成事故的扩大。

6. 能力不到莫强求

有些险情是难以预料的,在突降暴雨、爆炸着火或多人同时中毒等情况下,救援容易超出本单位的救助能力。如果突发险情超过了监护人员及本单位的救助能力,应该毫不迟疑地向外部求援,将救援重心放在外部力量的救援上。

八、克服应急救援中常见的错误

1. 杜绝盲目施救行为

在突发有限空间事故时,要杜绝不采取防护措施就贸然进入救人的盲目施救行为。发生有限空间事故时,监护人员或者事故发现者应及时呼救,在采取切实有效的防护措施,如穿戴防护服、戴上呼吸器以及其他一些防护措施后,才能进入救人。唯有如此,才能避免因盲目施救而发生事故伤亡人员增加和事故扩大的悲剧。

2. 杜绝偏狭的“见义勇为”行为

大量案例重复着无数这样的情形:作业人员发生危险,正在一起工作的同事往往见义勇为,毫不犹豫地“挺身而出”。结果,却救人不成又害己,发生了更大的伤亡。这不仅是因为员工的安全意识淡薄,安全素质低下,更多的是注重亲情和人身依附关系的文化背景下的盲目:在得知同事、亲友、乡邻身处险境,基于传统的道德观念,绝大多数人的第一选择是奋不顾身,难以作出理智的判断和选择。

因此,必须打破传统的道德观念,树立正确的“见义勇为”观念。在救人之前,应充分认识自己是否具备救人的能力,如有则救,如无,则转而求救。牢记:在积极抢救他人的同时,首先要保证自身的生命安全。

3. 建立科学逃生理念

从传统观念上讲,发生事故时,奋勇抢救、永不放弃的做法被广为认可。但是,随着人们对科学认识的不断提高,这种传统观念正在迅速转变为视情况放弃,科学逃生。

对此理念已经从一种认识上升为一种方法,即更多的人将何种情况下应弃救逃生作为应急救援的一项重要内容。如果在新的危险到来之时,不能及时视情况放弃抢救,及时逃生,而是依然盲目英勇抢救,最终造成更重的伤亡,特别是救援人员的伤亡,那么这种行为将不会再冠以英雄的伟大壮举,而只能被称为无知的愚蠢行为。

第三节　有限空间事故应急救援预案

一、应急救援预案的编制

1. 应急救援预案的编制目的

应急救援预案是为应对可能发生的紧急事件所作的预先准备,其目的是限制紧急事件的范围,尽可能消除事件或尽量减少事件对人、财产和环境造成的损失。紧急事件是指可能对人员、财产或环境等造成重大损害的事件。

由于有限空间作业危害性大,事故发展快,更需要编制完善的应急救援预案,最大限度地降低人员伤亡和财产损失。

2. 应急救援预案的编制准备

编制应急救援预案应做好以下准备工作:

（1）全面分析本单位危险因素、可能发生的事故类型及事故危险程度。

（2）排查事故隐患的种类、数量和分布情况,并在隐患治理的基础上,预测可能发生的事故类型及其危害程度。

（3）确定事故危险源,进行风险评估。

（4）针对事故危险源和存在的问题,确定相应的防范措施。

（5）客观评价本单位应急能力。

（6）充分借鉴国内外同行业事故教训及应急工作经验。

3. 应急救援预案的编制程序

1）应急救援预案编制工作组

综合本单位部门职能分工,成立以单位主要负责人为领导的应急救援预案编制工作组,明确编制任务、职责分工,制订工作计划。

2）资料收集

应急预案编制工作组应收集与预案编制工作相关的法律法规、技术标准、应急预案、国内外同行业企业事故资料,同时收集本单位安全生产相关技术资料、周边环境影响、应急资源等有关资料。

3）风险评估

在危险因素分析及事故隐患排查、治理的基础上,确定本单位的危险源、可能发生事故的类型和后果,进行事故风险分析,并指出事故可能产生的次生、衍生事故,形成分析报告,分析结果作为应急救援预案的编制依据。

4）应急能力评估

在全面调查和客观分析生产经营单位应急队伍、装备、物资等应急资源状况基础上开展应急能力评估,并依据评估结果,完善应急保障措施。

5）应急救援预案编制

针对可能发生的事故,按照有关规定和要求编制应急救援预案。应急救援预案编制过程中,应注重全体人员的参与和培训,使所有与事故有关人员均掌握危险源的危险性、应急处置方案和技能。应急救援预案应充分利用设备应急资源,与地方政府、上级主管单位以及相关部门的预案相衔接。

6）应急救援预案评审

应急救援预案编制完成后,应进行评审。评审由本单位主要负责人组织有关部门和人员进行。外部评审由上级主管部门或地方政府负责安全管理的部门组织审查。评审后,按规定报有关部门备案,并经生产经营单位主要负责人签署发布,并及时发放到本单位有关部门、岗位和相关应急救援队伍。

4. 应急救援预案的基本要求

1）针对性

应急救援预案是针对可能发生的事故,为迅速、有序地开展应急行动而预先制定的行动方案,因此,应急预案应结合危险分析的结果。

(1)针对重大危险源。重大危险源是指长期或是临时生产、搬运、使用或储存的危险物品,且危险物品数量等于或超过临界量的单位(包括场所设施)。重大危险源历来是生产经营单位监管的重点对象。

(2)针对可能发生的各类事故。编制应急预案之初需要对生产经营单位中可能发生的各类事故进行分析,在此基础上编制预案,才能保证应急预案更广范围的覆盖性。

(3)针对关键岗位和地点。不同的生产经营单位,同一生产经营单位不同生产岗位所存在的风险大小往往不同,特别是在危险化学品、煤矿开采、建筑等高危行业,都存在一些特殊或关键的工作岗位和地点。

(4)针对薄弱环节。生产经营单位的薄弱环节主要是指生产经营单位在应对重大事故方面存在应急能力缺陷或不足。企业在编制预案过程中,必须针对重大事故应急救援过程中,人力、物力、救援装备等资源的不足提出弥补措施。

(5)针对重要工程。重要工程的建设和管理单位应当编制预案,这些重要工程往往关系到国计民生的大局,一旦发生事故,其造成的影响或损失往往不可估量,因此,针对这些重要工程应当编制应急预案。

2)科学性

应急救援是一项科学性很强的工作,编制应急预案必须以科学的态度,在全面调查研究的基础上,实行领导和专家结合的方式,开展科学分析和论证,制定出决策和处置方案、应急手段先进的应急反应方案,使应急预案真正地具有科学性。

3)可操作性

应急预案应具有适用性和可操作性,即发生重大事故灾害时,有关应急组织和人员可以按照应急预案的规定迅速、有序、有效地开展应急救援行动,降低事故损失。

4)完整性

(1)功能完整。应急预案中应说明有关部门履行的应急准备、应急响应职能和灾后恢复职能,说明为确保履行这些职能而履行的支持性职能。

(2)应急过程完整。应急预案包括应急管理工作中的预防、准备、响应、恢复四个阶段。

(3)适用范围完整。应急预案要阐明该预案的适用范围,即针对不同事故性质可能会对预案的适用范围进行扩展。

5）合规性

应急预案的内容应符合现行国家法律、法规、标准和规范要求。

6）可读性

应急预案要易于查询,语言简洁、通俗易懂,层次及结构清晰。

7）相互衔接

各级各类安全生产应急预案相互协调一致、相互兼容。

此外,应急救援预案应当至少每三年修订一次,预案修订情况应有记录并归档。当有下列情形之一时,应急救援预案应及时修订:

（1）依据的法律、法规、规章、标准及上位预案中的有关规定发生重大变化的。

（2）应急指挥机构及其职责发生调整的。

（3）面临的事故风险发生重大变化的。

（4）重要应急资源发生重大变化的。

（5）预案中的其他重要信息发生变化的。

（6）在应急演练和事故应急救援中发现问题需要修订的。

（7）编制单位认为应当修订的其他情况。

二、应急救援预案体系的构成

单位应针对各级各类可能发生的事故和所有危险源制定综合应急救援预案、专项应急救援预案和现场应急处置方案,并明确事前、事中、事后的各个过程中相关部门和有关人员的职责。生产规模小、危险因素少的生产经营单位,综合应急救援预案和专项应急救援预案可以合并编写。

编制的综合应急救援预案、专项应急救援预案和现场处置方案之间应当相互衔接,并与所涉及的其他单位的应急救援预案相互衔接。

1. 综合应急救援预案

生产经营单位风险种类多、可能发生多种事故类型的,应当组织编制本单位的综合应急预案。

综合应急救援预案应当包括本单位的应急组织机构及其职责、预案体系及响应程序、事故预案及应急保障、应急培训及预案演练等主要内容。

2. 专项应急救援预案

对于某一种类的风险,生产经营单位应根据存在的重大危险源和可能发生的事故类型,制定相应的专项应急救援预案。

专项应急救援预案应当包括事故风险分析、应急指挥机构及职责、处置程序、处置措施等内容。

3. 现场应急处置方案

现场应急处置方案是针对具体的装置、场所或设施、岗位所制订的应急处置措施。现场处置方案应具体、简单、针对性强。现场处置方案应根据风险评估及危险性控制措施逐一编制,做到事故相关人员应知应会,熟练掌握,并通过应急演练,做好迅速反应,正确处置。

三、有限空间应急预案的具体编制与实施

有限空间应急预案在不同单位应该属于专项应急预案或者现场处置方案两种,下面分别介绍:

1. 专项应急预案的具体编制与实施

专项应急预案是针对具体的事故类别(如中毒、着火、物体打击等事故)、危险源和应急保障而拟定的计划或方案。专项应急预案应制定明确的救援程序和具体的应急救援措施。

1)事故风险分析

针对可能发生的事故风险,分析事故发生的可能性以及严重程度、影响范围等。

2)应急指挥机构及职责

应急组织机构:明确组织形式、构成单位或人员,并尽可能以结构图的形式表示出来。

指挥机构及职责:根据事故类型,明确应急救援指挥机构总指挥以及各成员单位或人员的具体职责。应急救援指挥机构可以设置相应的应急救援工作小组,明确各小组的工作任务及主要负责人职责。

3)处置程序

明确事故及事故险情信息报告程序和内容、报告方式和责任等。根据事故响

应级别,具体描述事故接警报告和记录、应急指挥机构启动、应急指挥、资源调配、应急救援、扩大应急等应急响应程序。

4)处置措施

针对可能发生的事故风险、事故危害程度和影响范围,制订相应的应急处置措施,明确处置原则和具体要求。

2. 现场处置方案的具体编制与实施

现场处置方案是针对具体装置、场所或设施、岗位所指定应急处置措施。现场处置方案应具体、简单、针对性强。现场处置方案应根据风险评估及危险性控制措施逐一编制,做到事故相关人员应知应会,熟练掌握,并通过应急演练,做到迅速反应,正确处置。

1)事故风险分析

事故风险分析主要包括:

(1)事故类型;

(2)事故发生的区域、地点或装置的名称;

(3)事故发生的可能时间、事故的危害严重程度及其影响范围;

(4)事故前可能出现的征兆;

(5)事故可能引发的次生、衍生事故。

2)应急工作职责

根据现场工作岗位、组织形式及人员构成,明确各岗位人员的应急工作分工和职责。

3)应急处置

应急处置主要包括以下内容:

(1)事故应急处置程序。分析可能发生的事故及现场情况,明确事故报警、各项应急措施启动、应急救护人员的引导、事故扩大及同生产经营单位应急预案的衔接程序。

(2)现场应急处置措施。针对可能发生的火灾、爆炸、危险化学品泄漏、坍塌、水患、机动车辆伤害等,从人员救护、工艺操作、事故控制,消防、现场恢复等方面制订明确的应急处置措施。

（3）明确报警负责人以及报警电话，与上级管理部门、相关应急救援单位联络方式和联系人员，事故报告基本要求和内容。

4）注意事项

注意事项主要包括：

（1）佩戴个人防护器具方面的注意事项；

（2）使用抢险救援器材方面的注意事项；

（3）采取救援对策或措施方面的注意事项；

（4）现场自救和互救的注意事项；

（5）现场应急处置能力确认和人员安全防护等事项；

（6）应急救援结束后的注意事项；

（7）其他需要特别警示的事项。

四、预案需要列出的相关附件及要求

1. 有关应急部门、机构或人员的联系方式

列出应急工作中需要联系的部门、机构或人员的多种联系方式，当发生变化时及时进行更新。

2. 应急物资装备的名录或清单

列出应急预案涉及的主要物资和装备名称、型号、性能、数量、存放地点、运输和使用条件、管理责任人和联系电话等。

3. 规范化格式文本

应急信息接报、处理、上报等规范化格式文本。

4. 关键的路线、标识和图纸

关键的路线、标识和图纸主要包括：

（1）警报系统分布及覆盖范围；

（2）重要防护目标、危险源一览表、分布图；

（3）应急指挥部位置及救援队伍行动路线；

（4）疏散路线、警戒范围、重要地点等的标识；

（5）相关平面布置图纸、救援力量的分布图纸等。

5. 有关协议或备忘录

列出与相关应急救援部门签订的应急救援协议或备忘录。

五、应急预案编制格式

1. 封面

应急预案封面主要包括应急预案编号、应急预案版本号、生产经营单位名称、应急预案名称、编制单位名称、颁布日期等内容。

2. 批准页

应急预案应经生产经营单位主要负责人（或分管负责人）批准方可发布。

3. 目次

应急预案应设置目次，目次中所列的内容及次序如下：

（1）批准页；

（2）章的编号、标题；

（3）带有标题条的编号、标题（需要时列出）；

（4）附件，用序号标明其顺序。

4. 印刷与装订

应急预案推荐采用 A4 版面印刷，活页装订。

六、编制应急预案应特别注意的问题

1. 预案内容要全面

预案内容不仅要包括应急处置，而且要包括预防预警、恢复重建；不仅要有应对措施，而且要有组织体系、响应机制和保障手段。

2. 预案内容要适用

预案内容要适用，也就是务必切合实际。应急预案的编制要以事故风险分析为前提，要结合本单位的行业类别、管理模式、生产规模、风险种类等实际情况，充分借鉴国际、国内同行业的事故经验教训，在充分调查、全面分析的基础上，确定本单位可能发生事故的危险因素，确定有针对性的救援方案，确保应急救援预案科学合理、切实可行。

3. 预案表达要简明

编制应急预案要遵循"通俗易懂、删繁就简"的原则,抓住应急管理的工作流程、救援程序、处置方法等关键环节,制定出简单易行的应急预案,坚持避免把应急预案编制成冗长烦琐、晦涩难懂的文章。

具体到每一岗位,一般为半页纸。要把岗位现场处置文案做成活页纸,准确规定操作规程和动作要领,让每一位员工都能"看得懂、记得住、用得上"。

4. 应急责任要明晰

明晰责任是应急预案的基本要求。要切实做到责任落实到岗,任务落实到人,流程牢记在心。只有这样,一旦发生事故时才能实施有效、科学、有序的报告、救援、处置等程序,防止事故扩大或恶化,最大限度地降低事故造成的损失或危害。

5. 应急预案要衔接

应急救援是一个复杂的系统工程,在一般情况下,要涉及企业上下和企业内外的多个组织、部门。特别是不可能完全确定的事故状态,使应急救援行动充满变数,使应急救援行动在很多情况下必须寻求外部力量的支援。因此,编制预案时,必须从横向、纵向上与相关企业、政府的应急预案进行有机衔接。

6. 应急预案的演练

预案只是预想的作战方案,实际效果如何,还需要实践来验证。同时,熟练的应急技能也不是一日可得的。因此,必须对应急预案进行经常性的演练,验证应急预案的适用性、有效性,以发现问题,改进完善。这样不但可以不断提高预案的质量,而且可以锻炼应急人员,使其具有过硬的心里状态和熟练的操作技能。

7. 预案改进要持续

要加强应急预案的培训、演练,通过培训和演练及时发现应急预案存在的问题和不足。同时,要根据安全生产形式和企业生产环境、技术条件、管理方式等实际变化,与时俱进,及时修订预案内容,确保应急预案的科学性和先进性。

七、应急预案的实施

(1)单位应当采取多种形式开展应急预案的宣传教育,普及生产安全事故预防、避险、自救和互救知识,提高从业人员安全意识和应急处置技能。

（2）单位应当组织开展本单位的应急预案培训活动,使有关人员了解应急预案内容,熟悉应急职责、应急程序和岗位应急处置方案。应急预案的要点和程序应当张贴在应急地点和应急指挥场所,并设有明显的标志。

（3）单位应当制订本单位的应急预案演练计划,根据本单位的事故预防重点,每年至少组织一次综合应急预案演练或者专项应急预案演练,每半年至少组织一次现场处置方案演练。

（4）单位发生事故后,应当及时启动应急预案,组织有关力量进行救援,并按照规定将事故信息及应急预案启动情况报告安全生产监督管理部门和其他负有安全生产监督管理职责的部门。

第四节　有限空间事故应急救援演练

应急演练是针对情景事件,按照应急救援预案而组织实施的预警、应急响应、指挥与协调、现场处置与救援、评估总结等活动。应急演练工作应符合以下要求:

（1）应急演练工作必须遵守国家相关法律、法规、标准的有关规定。

（2）应急演练应纳入本单位应急管理工作的整体规划,按照规划组织实施。

（3）应急演练应结合本单位安全生产过程中的危险源、危险有害因素、易发事故的特点,根据应急救援预案或特定应急程序组织实施。

（4）根据需要合理确定应急演练类型和规模。

（5）制订应急演练过程中安全保障方案和措施。

（6）应急演练应周密安排、结合实际、从难从严、注重过程、实事求是、科学评估。

（7）不得影响和妨碍生产关系系统的正常运转及安全。

一、应急演练的类型、目的

按照应急演练的内容,可分为综合演练和专项演练;按照演练的形式,可分为现场演练和桌面演练,不同类型的演练可相互结合。

应急演练的目的:

1. 校验预案

发现应急预案中存在的问题,提高应急预案的科学性、实用性和可操作性。

2. 锻炼队伍

通过有组织、有计划、真实性强的仿真演练,锻炼应急队伍,保证应急人员具有良好的应急素质和熟练的操作水平,充分满足应急工作的实际需要。

3. 磨合机制

通过完善应急预案,提高队伍素质和应急各方协同应对能力,保证应急预案的顺利实施,提高应急救援的实战水平。

4. 宣传教育

普及应急管理知识,提高参演和观摩人员风险防范意识和自救互救能力。

5. 完善准备

完善应急管理和应急处置技术,补充应急装备和物资,提高其适用性和可靠性。

二、应急演练的基本内容

应急演练的基本内容有:

1. 预警与通知

接警人员接到报警后,按照应急救援预案规定的时间、方式、方法和途径,迅速向可能受到突发事件波及区域的相关部门和人员发出预警通知,同时报告上级主管部门或当地政府有关部门、应急机构,以便采取相应的应急行动。

2. 决策与指挥

根据应急救援预案规定的响应级别,建立统一的应急指挥、协调和决策机构,迅速有效地实施应急指挥,合理高效地调配和使用应急资源,控制事态发展。

3. 应急通信

保证参与预警、应急处置与救援的各方,特别是上级与下级、内部与外部相关人员通信联络的畅通。

4. 应急监测

对突发事件现场及可能波及区域的气象、有毒有害物质等进行有效监控并进行科学分析和评估,合理预测突发事件的发展态势及影响范围,避免发生次生或衍生事故。

5. 警戒与管制

建立合理警戒区域,维护现场秩序,防止无关人员进入应急处置与救援现场,保证应急救援队伍、应急物资运输和人群疏散等的交通畅通。

6. 疏散与安置

合理确定突发事件可能波及的区域,及时、安全、有效地撤离、疏散、转移,妥善安置相关人员。

7. 医疗与卫生保障

调集医疗救护资源,对受伤人员合理检伤并分级,及时采取有效的现场急救及医疗救护措施,做好卫生监测和防疫工作。

8. 现场处置

应急处置与救援过程中,按照应急救援预案规定及相关行业技术标准采取有效安全保障措施。

9. 公众引导

及时召开新闻发布会,客观、准确地公布有关信息,通过新闻媒体与社会公众建立良好的沟通。

10. 现场恢复

应急处置与救援结束后,在确保安全的前提下,实施有效洗消、现场清理和基本设施恢复工作。

11. 总结与评估

对应急演练组织实施中发现的问题和应急演练效果进行评估总结,以便不断改进和完善应急救援预案,提高应急响应能力和应急装备水平。

三、应急演练活动的筹备

1. 综合演练活动筹备

1)筹备方案

综合演练活动,特别是有多个部门联合组织或具有示范性的大型综合演练活动,为确保应急演练活动的安全、有序并达到预期效果,应当制定应急演练活动筹备方案。筹备方案通常包括成立组织机构、演练策划与编写演练文件、确定演练人员、演练实施等方面的内容。负责筹备的单位,可根据演练规模的大小,对筹备演练的组织机构与职责进行合理调整,在确保相应职责能够得到有效落实的前提下,缩减或增加组织领导机构。

2)组织机构与职责

综合演练活动可以成立综合演练活动领导小组,下设策划组、执行组、保障组、技术组、评估小组等若干专业工作组。

(1)领导小组。综合演练活动领导小组负责演练活动筹备期间和实施过程中的领导与指挥工作,负责任命综合演练活动总指挥与现场总指挥。组长、副组长一般由应急演练组织部门的领导担任,具备调动应急演练筹备工作所需人力和物力的权力。总指挥、现场总指挥可由组长、副组长兼任。

(2)策划组。负责制定综合演练活动方案,编制综合演练实施方案;负责演练前、中、后的宣传报道,编写演练总结报告和后续改进计划。

(3)执行组。负责应急演练活动筹备及实施过程中与相关单位和工作组内部的联络、协调工作;负责情景事件要素设置及应急演练过程中的场景布置;负责调度参演人员、控制演练进程。

(4)保障组。负责应急演练筹备及实施过程中安全保障方案的制定与执行;负责所需物资的准备,以及应急演练结束后上述物资的清理归库;负责人力资源管理及经费的使用管理;负责应急演练过程中通信的畅通。

(5)技术组。负责监控演练现场环境参数及其变化,制订应急演练过程中应急处置方案和安全措施,并保障其正确实施。

(6)评估组。负责应急演练的评估工作,撰写应急演练评估报告,提出具有针对性的改进意见和建议。

3)应急演练的策划

(1)确定应急演练要素。应急演练策划就是在应急救援预案的基础上,进行应急演练需求分析,明确应急演练的目的和目标,确定应急演练范围,对应急演练的规模、参演单位和人员、情景事件及发生顺序、响应程序、评估标准和方法等进行的总体策划。

(2)分析应急演练需求。在对现有应急管理工作情况以及应急救援预案进行认真分析的基础上,确定当前面临的主要和次要风险、存在的问题、需要训练的技能、需要检验或测试的设施和装备、需要检验和加强的应急功能和需要演练的机构和人员。

（3）明确应急演练目的。根据应急演练需求分析确定应急演练目的,明确需要检验和改进的应急功能。

（4）明确应急演练目标。根据应急演练的目的确定应急演练目标,提出应急演练期望达到的标准要求。

（5）确定应急演练规模。根据应急演练的目标确定应急演练规模。演练规模通常包括演练区域、参演人员以及涉及的应急功能。

（6）设置情景事件。一般情况下设置单一情景事件。有时为增加难度,可以设置复合情景事件。即在前一个事件应急演练的过程中,诱发次生情景事件,以不断提出新问题考验演练人员,锻炼参演人员的应急反应能力。

在设置情景事件时,应按照突发事件的内在变化规律,设置情景事件的发生时间、地点、状态特征、波及范围以及变化趋势等要素,并进行情景描述。

（7）应急行动与应急措施。根据情景描述,对应急演练过程中应采取的预警、应急响应、决策与指挥、处置与救援、保障与恢复、信息与发布等应急行动与应对措施预先设定和描述。

（8）注意事项:

① 策划人员应熟悉本部门(单位)工艺流程、设备状况、场地分布、周边环境等实际情况。

② 情景事件的时间应使用北京时间。如因其他原因,应在应急演练前予以说明。

③ 应急演练中应尽量使用当时当地的气象条件或环境参数。

④ 应充分考虑应急演练过程中发生真实事故的可能性,必须制订切实有效的保障措施,确保安全。

4）编写应急演练文件

（1）应急演练方案。应急演练方案是指导应急演练实施的详细工作文件,通常包括:

① 应急演练需求分析;

② 应急演练的目的;

③ 应急演练的目标及规模；

④ 应急演练的组织与管理；

⑤ 情景事件与情景描述；

⑥ 应急行动与应对措施预先设定和描述；

⑦ 各类参演人员的任务和职责。

（2）应急演练评估指南和评估记录。应急演练评估指南是对评估内容、评估标准、评估程序的说明，通常包括：

① 相关信息：应急演练的目的和目标、情景描述，应急行动与应对措施简介，等等。

② 评估内容：应急演练准备、应急演练方案、应急演练组织与实施、应急演练效果等。

③ 评估标准：应急演练目标实现程度的评判指标，应具有科学性和可操作性。

④ 评估程序：为保证评估结果的准确性，针对评估过程做出的程序规定。

应急演练评估记录是根据评估标准记录评估内容的照片、录像、表格等，用于对应急演练进行评估总结。

（3）应急演练安全保障方案。应急演练安全保障方案是防止在应急演练过程中发生意外情况而制订的，通常包括：

① 可能发生的意外情况；

② 意外情况的应急处置措施；

③ 应急演练的安全设施与装备；

④ 应急演练非正常终止条件与程序。

（4）应急演练实施计划和观摩指南。对于重大示范性应急演练，可以依据应急演练方案把应急演练的全过程写成应急演练实施计划（分镜斗剧本），详细描述应急演练时间、情景事件、预警、应急处置与救援及参与人员的指令与对白、视频画面与字幕、解说词等。

根据需要，编制观摩指南供观摩人员理解应急演练活动内容，包括应急演练的主办及承办单位名称，应急演练时间、地点、情景描述、主要环节及演练内容等。

5）确定参与应急演练活动人员

（1）控制人员。控制人员是按照应急演练方案，控制应急演练进程的人员，通常包括总指挥、现场总指挥以及专业工作组人员。控制人员在应急演练过程中的主要任务是：确保应急演练方案的顺利实施，以达到应急演练的目标；确保应急演练活动对于演练人员既有确定性，又富有挑战性；解答演练人员的疑问，解决应急演练过程中出现的问题。

（2）演练人员。演练人员是指在应急演练过程中，参与应急行动和应对措施等具体任务的人员。演练人员承担的主要任务是：按照应急预案的规定，实施预警、应急响应、决策与指挥、处置与救援、应急保障、信息发布、环境监控、警戒与管制、疏散与安置等任务，安全、有序地完成应急演练工作。

（3）模拟人员。模拟人员是指在应急演练过程中扮演、代替某些应急机构管理者或情景事件中受害者的人员。

（4）评估人员。评估人员是指负责观察和记录应急演练情况，采取拍照、录像、表格记录等方法，对应急演练准备、应急演练组织和实施、应急演练效果等进行评估的人员。评估人员可以由相应领域的专家、本单位的专业技术人员、主管部门相关人员担任，也可以委托专业评估机构进行第三方评估。

2. 专项演练活动的筹备

专项应急预案演练的筹备可参考综合应急演练的筹备程序和内容，由于只涉及部分应急功能，负责演练筹备的单位可以根据需要进行适当调整。

四、应急演练的实施

1. 现场应急演练的实施

1）熟悉演练方案

应急演练领导小组正、副组长或成员召开会议，重点介绍有关应急演练的计划安排，了解应急救援预案和演练方案，做好各项准备工作。

2）安全措施检查

确认演练所需的工具、设备、设施以及参演人员到位。对应急演练安全保障方案以及设备、设施进行检查确认，确保安全保障方案的可行性，安全设备、设施的完好性。

3）组织协调

应在控制人员中指派必要数量的组织协调员，对应急演练过程进行必要的引导,以防发生意外事故。组织协调员的工作位置和任务应在应急演练方案中作出明确的规定。

4)紧张有序开展应急演练

应急演练总指挥下达演练开始指令后,参演人员针对情景事件,根据应急救援预案的规定,紧张有序地实施必要的应急行动和应急措施,直至完成全部演练工作。

5)注意事项

(1)应急演练过程要力求紧凑、连贯,尽量反映真实事件下采取预警、应急处置与救援的过程。

(2)应急演练应遵照应急救援预案有序进行,同时要具有必需的灵活性。

(3)应急演练应重视评估环节,准确记录发现的问题和不足,并实施后续改进。

(4)应急演练实施过程应作必要的评估记录,包括文字、图片和声像记录等,以便对演练进行总结和评估。

2. 桌面应急演练的实施

桌面应急演练的实施可以参考现场应急演练实施的程序,但是由于桌面应急演练的组织形式、开展方式与现场应急演练不同,其演练内容主要是模拟实施预警、应急响应、指挥与协调、现场处置与救援等应急行动和应对措施,因此需要注意以下问题:

(1)桌面应急演练一般设一名主持人,可以由应急演练的副总指挥担任,负责引导应急演练按照规定的程序进行。

(2)桌面应急演练可以在实施过程中加入讨论的内容,以便于验证应急救援预案的可操作性、实用性,做出止确的决策。

(3)桌面应急演练在实施过程中可以引入视频,对情景事件进行渲染,引导情景事件的发展,推动桌面应急演练顺利进行。

五、应急演练的评估和总结

1. 应急演练讲评

应急演练的讲评必须在应急演练结束后立即进行。应急演练组织者、控制人员和评估人员以及主要演练人员应参加讲评会。

评估人员对应急演练的目标实现情况、参演队伍以及人员的表现、应急演练中暴露的主要问题等进行讲评,并出具评价报告。对于规模小的应急演练,评估也可以采用口头点评的方式。

2. 应急演练总结

应急演练结束后,评估组汇总评估人员的评估总结,撰写评估总结报告,重点对应急演练组织实施中发现的问题和应急演练效果进行评估总结,也可对应急演练准备、策划等工作进行简要总结分析。

应急演练评估总结报告通常包括以下内容:

(1)本次应急演练的背景信息。

(2)对应急演练准备的评估。

(3)对应急演练策划与应急演练方案的评估。

(4)对应急演练组织、预警、应急响应、决策与指挥、处置与救援、应急演练效果的评估。

(5)对应急救援预案的改进建议。

(6)对应急救援技术、装备方面的改进建议。

(7)对应急管理人员、应急救援人员培训方面的建议。

六、应急演练的修改完善和改进

根据应急演练评估报告对应急救援预案的改进建议,由应急救援预案编制部门按程序进行修改完善。

应急演练结束后,组织应急演练的部门(单位)应根据应急演练评估报告,总结报告提出的问题和建议,督促相关部门和人员,制订整改计划,明确整改目标、制订整改措施,落实整改资金,并应跟踪督查整改情况。

第二部分

燃气行业有限空间典型事故及防范措施

第一章　常见有限空间作业事故情况

第一节　国内工贸行业有限空间作业事故情况

从全国范围来看,工贸行业发生的有限空间作业事故所占比例较大。根据国家安全生产监督管理总局通报的情况,2014 年全国工贸行业发生有限空间作业较大事故 12 起,死亡 41 人,占工贸行业较大事故总量的 50%。2016 年已发生多起有限空间作业典型事故。

一、××公司"2·17"一氧化碳中毒事故

2016 年 2 月 17 日 19 时许,辽宁省海城市金羽耐火材料有限公司在点火试炉生产过程中,燃料不完全燃烧,产生一氧化碳。由于风机故障,无法正常开启,导致一氧化碳通过送风管倒流至风机房。法人代表王明松与 4 名工人不知道会产生一氧化碳,未携带便携式一氧化碳报警仪,直接进入风机房(约 12m² 左右)维修,并且风机房无一氧化碳报警装置,最终导致 5 人一氧化碳中毒。

二、××公司"3·4"气体中毒事故

2016 年 3 月 4 日下午,广东省韶关市仁化县丹霞街道办事井石灰销售部有 4 名工人在石灰窑顶部的操作台进行放料作业,下午 3 时左右被工友发现疑似吸入有毒气体晕倒。销售部负责人立即拨打了报警电话,并组织人员用湿毛巾捂住口鼻进入窑内救人。1 名施救人员在施救过程中一度神志不清,幸而及时撤出脱离危险,4 名工人经抢救无效先后死亡。

三、××公司"3·19"中毒事故

2016 年 3 月 19 日 13 时 20 分许,福建省漳州市漳浦县大洋皮业有限公司滤液池底部的污泥泵发生故障,污滤操作员陈某进入滤液池排查故障时,中毒晕倒。当班组长覃某发现后,下池救援并大声呼救。废水操作员刘某听到呼救后与其他员工赶赴现场,刘某让员工用绳子绑住自己,进入池中救人。救援员工听到刘某呼

叫,将绳子上拉,然而绳子不慎脱离,导致刘某掉入池中。15时,消防等救援人员将覃某、陈某、刘某3人救出,送往医院抢救无效,均于当天18时前死亡。

四、××公司"4·4"中毒窒息事故

2016年4月4日上午11时30分左右,山东省曲阜市八宝山氧化钙厂工人刘某进入石灰输送通道进行窑底清理,吸入大量一氧化碳气体后中毒窒息。其他人员盲目施救,导致4名工人相继发生中毒窒息,其中2人当场死亡,2人重伤,经医院抢救无效后死亡。

五、××公司"6·12"中毒事故

2016年6月12日上午9时30分左右,甘肃省天水市麦积区利鑫石化有限公司1名工人在沥青空罐内取劳动工具时发生中毒,另外3人前去罐内寻找,也相继中毒,事故造成3人死亡,1人受伤。

六、××公司"7·11"中毒事故

2016年7月11日16时14分许,宁夏自治区中卫市宁夏正旺农牧科技有限公司生物发酵车间内,1名工人在清洗饲料发酵罐时晕倒在罐内,现场另外3名工人进入罐中抢救,相继晕倒,经送往医院抢救无效,共造成4人死亡。

从近年工矿商贸企业有限空间作业生产安全事故情况来看,主要呈现以下特点:

(1)有限空间作业涉及领域广,包括煤矿、非煤矿山、化工、冶金、建材、有色、机械、轻工、食品(酒类)酿造、纺织、商贸、炼油、建筑施工、市政工程、地下管网、污水处理、电力、通信等多个行业。

(2)多数生产经营单位未制定有限空间安全作业制度,未对有限空间进行辨识、标识,也无专门的部门负责该领域监管,客观上造成监管不力。

(3)多数企业未落实有限空间作业审批制度,违反作业程序,在未通风、未检测、未防护的情况下进入有限空间。

(4)对外协单位和承包单位疏于管理,安全责任落实不到位。

(5)从业人员大都文化素质低、安全知识贫乏、安全意识差。

(6)企业对职工安全培训不落实,缺乏对有限空间作业危险性的认识和应急救援相关知识,遇紧急情况忙乱应对、盲目施救导致事故扩大。

第二节　燃气企业有限空间作业事故情况

根据公开信息整理,2005年至2016年间燃气企业发生的有限空间作业事故共22起。

一、××公司"7·27"阀井窒息事故

2005年7月27日13时5分,重庆××公司的5名工人在南岸区福利社车站街进行天然气阀井例行检查。13时10分,第一名工人顺扶梯下井,刚到井底便昏倒。第二人以为他不小心摔倒,下井查看,刚下到一半也一头栽下去。接着便是第三人、第四人接连摔入井中。在井边的司机一看不妙,大声呼救并报警。居民疾奔而至,发现一口3m多深的天然气阀井中,4个男子叠罗汉般堆在井底,已全部昏厥。13时15分,井口已围了不少人,但没人敢下井施救。一居民提出,应保持通风降低井里气体浓度。附近残联药店的老板忙跑回店中将风扇搬来,从附近商店接通电源,从井口向下送风。13时25分,经10余min吹风,井底最上面的2名工人逐渐苏醒。井外2名工人将绳索抛下井,让苏醒的工人将绳绑在昏倒者腰间,欲将他们拽上来,没成功。这时,正在吃饭的工人周某丢下饭碗,跑来帮忙,3人合力将2人拉上来。发现2人均昏迷不醒,其中1人口吐白沫。另2人无大碍。经调查,此起事故是天气热、井底通风不畅导致工人晕倒,不是漏气事故。

二、××公司"4·24"中毒窒息死亡事故

2007年4月24日15时左右,北京市××公司某管网管理所工作人员,在海淀区万寿路南口的太平路中阀1号井下阀门进行堵漏作业时,由于操作不当,致使阀门上起放散作用的丝堵意外脱落,压力为0.1MPa的天然气从直径40mm的放散孔中大量泄漏。井下作业的2名工人张某、田某因未佩戴任何个人防护用品,昏倒在井中。井上队长郝某发现后,在未采取任何安全防护措施的情况下贸然下井,在对2人施救的过程中也昏倒在井内。后经消防队员将张某、田某和郝某救出并分别送到两家医院抢救,郝某经医院抢救脱离危险,而张某、田某经抢救无效死亡。事故造成2死1伤。

三、××公司"7·28"窒息事故

2007年7月28日15时42分,气温高达40℃,××公司承担的苏州工业园苏胜路、界浦河路口燃气管道改造工程现场西侧阀门井内,施工单位员工杨某在

井内缺氧昏倒。在场 3 名施工单位(承包商)人员及 2 名苏州港华雇员在未采取安全措施的情况下,先后下井救人并因缺氧昏倒或不适。事后,6 人全部被送往苏州九龙医院接受治疗。参与救援的苏州港华雇员张某(37 岁),因为井内缺氧时间较长,于 2007 年 8 月 3 日死亡。事故造成 1 死 5 伤。

四、××公司"12·26"煤气中毒较大事故

2008 年 12 月 26 日 21 时,辽宁省鞍山市某公司山南储配站 2 人在阀门室进行水封槽放水作业时,因放水阀门失灵,导致煤气外泄,其中 2 人中毒,另 5 人发现后在施救过程中,相继中毒。事故共造成 4 人死亡、3 人受伤。

五、××公司"10·8"燃气中毒事故

2009 年 10 月 8 日 15 时 50 分,长春市清明街与重庆路交会处,长春××燃气安装有限公司的 4 名工人在对燃气井内的燃气管道进行对接时,燃气发生泄漏,事故造成 3 死 1 伤。

六、××公司"7·14"煤气中毒和窒息死亡事故

2011 年 7 月 14 日,北京市礼仕建安设备安装技术工程有限公司施工人员丁某、田某,在朝阳建外地区外交部公寓 8 号楼北侧一低压燃气闸井内进行加垫作业时,因天然气泄漏,导致 2 名作业人员缺氧窒息,经抢救无效死亡,直接经济损失 160 万元。

七、××公司"4·16"氮气窒息事故

2012 年 4 月 16 日 15 时 30 分,陕西省××燃气有限责任公司 3 名职工与该公司雇用的施工队 2 名工人,在扶风县城东大街一阀井内施工时,发生氮气窒息事故,经扶风县人民医院抢救无效,5 人全部死亡。

八、××公司"5·20"中毒窒息事故

2012 年 5 月 20 日,辽宁省沈阳市××燃气公司煤气管线对接施工过程中,1 名工人中毒窒息,另有 2 名工人在施救过程中相继中毒窒息,造成 3 人死亡。

九、××公司"5·23"中毒窒息事故

2012 年 5 月 23 日 9 时许,内蒙古自治区鄂尔多斯市××天然气公司城市天

然气管道管线对接过程中,1 名施工人员中毒窒息,另有 2 名施工人员在施救过程中相继中毒窒息,造成 3 人死亡。

十、××公司"10·29"燃气阀井窒息事故

2012 年 10 月 29 日上午 9 时 40 分,江苏龙海建工集团 3 名工人在合肥市魏武路和新蚌埠路交口处 DN400 阀门井内进行燃气钢管防腐施工,井口宽 60cm,井深 3m。10 时 30 分左右,这 3 名工人因在空间狭小的阀门井内作业时间长,导致窒息。作业现场的井上监护人员发现阀门井内操作工人出现状况后,及时拨打火警电话 119,工作人员到场抢救,经及时治疗未造成人员伤亡。

十一、××公司"3·24"阀井窒息事故

2013 年 3 月 24 日傍晚 6 时左右,合肥市包河大道与乌鲁木齐路交叉口处,几名工人在窨井内作业时,疑似发生燃气泄漏事故,致 1 死 1 伤。事发窨井的业主单位是合肥某燃气有限公司,而负责管道安装和维护的单位是江苏省工业设备安装集团有限公司。

十二、××公司"8·27"阀井窒息事故

2013 年 8 月 27 日中午 11 时左右,沧州公司位于清池南大道与黄河路交叉口东南角的天然气阀门井内发生一起人员窒息事故,事故造成 1 死 1 伤。

十三、××公司"11·13"阀井窒息事故

2013 年 11 月 13 日凌晨 3 时 30 分许,都匀市区一燃气管道发生泄漏,供气企业的 3 名维修工人前往处置,因井内燃气浓度过大,2 名工人不幸中毒身亡。

十四、××公司"11·14"煤气中毒事故

2013 年 11 月 14 日上午 9 点左右,××燃气集团的作业人员在位于三墩西部应急气源站东面 300m 开外三墩镇绕城村进行燃气管道施工时,发生煤气中毒事故。事故造成 1 死 3 伤。

十五、××公司"1·22"天然气窒息事故

2014 年 1 月 22 日 14 时 35 分左右,××燃气公司工作人员在进行节前安全

检查过程中,对德令哈市长江路 25 号商品楼对面道路绿化带内发生泄漏的天然气地下管道进行维修,因井内燃气浓度过高,3 名下井维修人员相继晕倒,造成 2 人死亡。

十六、××公司“2·11”阀井窒息事故

2014 年 2 月 11 日 11 时 30 分许,呼和浩特市巴彦塔拉饭店前停车场南侧的天然气管道阀门井发生泄漏,呼和浩特市 ×× 城市燃气发展有限公司抢险中心 4 名工作人员在维修过程中被困井下。事故造成 1 名工作人员窒息死亡,1 名工作人员重伤。

十七、××公司“4·1”中毒和窒息事故

2014 年 4 月 1 日 4 时 25 分左右,在江苏华能建设工程集团有限公司承接的苏震桃公路中压天然气管道碰通工程工地(位于吴中区友新路与吴中大道交叉口东南角)发生一起气体窒息事故,造成 2 人死亡。在施救过程中 1 名救援人员因窒息受伤,后于 4 月 9 日死亡。

十八、××公司“4·29”氮气窒息死亡事故

2014 年 4 月 29 日 17 时 30 分,黄石市黄石大道北天然气延伸工程施工现场,×× 燃气公司施工人员进行天然气管道通气置换时,2 名工人不幸晕倒在阀门井下,经抢救无效身亡。

十九、××公司“6·19”井下中毒事故

2014 年 6 月 19 日 8 时许,在哈市南岗区花园街 278 号一酒店门前,1 名工人孙某在燃气井内(井深约 2m)作业时,疑似发生气体中毒,所幸被身边的工友和附近饭店的服务员从井内拽出。事发时伤者被井内突然窜出的气体喷到了面部,吸入气体后很快出现呕吐的症状,随即发生昏厥,所幸事故没有造成人员伤亡。

二十、××公司“6·29”阀井窒息事故

2014 年 6 月 29 日 15 时 40 分许,长沙市芙蓉区万家丽中路宽寓大厦附近的人行道上,2 名燃气公司的工人先后下井检修燃气管道,双双中毒晕倒在井内,所幸被其他工作人员和赶来的市民救出,其中 1 名工作人员死亡。

二十一、××公司"10·20"氮气窒息事故

2014年10月20日凌晨3时20分许,山东省济南市经八路17号,工程承建方施工人员在济南经八路西段进行危旧管网改造施工,在对废弃管道进行氮气吹扫过程中,正值阴雨天气,导致管道吹扫用氮气在低洼处聚积,使现场操作人员缺氧窒息,现场工程监护人员在施救时也发生窒息。事故造成2死1伤。

二十二、××公司"5·31"窒息死亡事故

2016年5月31日19时18分许,位于新疆阿克苏地区库车县幸福路鸿升宾馆门前库车县××燃气公司门站至金石沥青燃气管线第48#阀井内,发生一起由安装队在进行燃气管线封堵施工作业时,管线内燃气泄漏,致使在阀井内的施工作业人员窒息昏迷,阀井外监护的××燃气公司工作人员盲目施救而引发的窒息死亡事故。事故导致一人死亡、两人受伤,直接经济损失125万元。

这一桩桩事故,件件触目惊心。企业如何有效预防此类事故的重复发生呢?据有关行业专家介绍,企业必须严格遵守审批作业程序,加强作业过程管理,加强作业人员安全培训和应急救援练习,配备防护设备,确保作业安全。

(1)有限空间作业应当严格遵守"先通风、再检测、后作业"的原则要确保有限空间作业安全,企业要进行有效的安全管理。

(2)摸清本企业有限空间情况,建立管理台账,建立健全有限空间作业安全管理规章制度和操作规程,对有限空间作业严格实行作业审批制度。

(3)对本企业全体有限空间作业人员进行安全培训和应急救援演练,确保作业人员掌握有限空间作业的基本安全知识,具备有限空间作业的技能。

(4)制定可靠有效的有限空间作业事故应急预案,每年至少开展一次应急演练,提高应急处置能力。

(5)在具体实施有限空间作业前,企业应对作业环境的危害状况进行识别和评估,制订并落实消除、控制危害的措施,如隔离、清洗置换、检测、通风、个体防护等安全措施,确保整个作业处于安全可控状态。

第二章　燃气行业有限空间典型事故案例分析

从汇集的事故案例可以再次看出,事故的发生绝不是偶然、孤立的,每起事故的发生都与人、机、物、环境这几大因素有关,其中人员的违章指挥、违章操作和违反劳动纪律是引发事故的主要原因。

本章的案例主要从事故经过、原因、责任分析、应吸取的事故教训、防范措施等方面进行分析,以使读者对案例本身有更加清楚的了解和认识,为避免类似事故的发生提供参考,达到警示和教育的目的。

第一节　责任制不落实引发的事故

一、××公司"7·26"窒息死亡较大事故

1. 事故经过

2010年7月26日8时10分,包头市某燃气公司抢修大队长卢某指派副大队长李某带领抢修队员和汽车司机一行5人到莫尼路与阿尔丁北大街交叉口处的天然气阀门井进行"退接轮、加盲板作业"。

生产运营部和抢修大队的作业方案为:作业人员戴空气呼吸器,系安全绳,井上有人监护,井下实施扒眼、球胆封堵作业。但是,生产运营部并没有启动危险作业的审批流程,李某带领抢修队员到现场后也未执行安全操作规程和技术交底方案,他安排1人在井上监护,4人在井下作业。井下作业人员在未戴空气呼吸器、未系安全绳、未带扒眼封堵器、未经降压的情况下,就卸下接轮的螺栓和压兰,然后拆密封胶圈。李某刚拆开一小段密封胶圈,天然气迅速从管道涌出,弥漫井下狭小的密闭空间。

李某见事不好,赶紧爬井梯逃生,但爬到一半因缺氧摔了下来,抢修队员卜某一个箭步跃到井口,用下巴死死挂住井圈,被井上监护的抢修队员张某拽了上来。

张某戴上空气呼吸器下井营救,井下3人已经窒息死亡。张某爬井逃生,空气罐卡在井圈下,过路的人员将空气罐解下,把张某营救上来。该事故造成3死2伤。

2. 事故分析

（1）违章指挥、违章作业是事故的根本原因。

该公司已有安全管理制度,其中的《带气作业安全管理制度》规定:带气作业操作人员应配备相关防护器材（如空气呼吸器）;在井下作业,作业人员必须系好安全绳,并有专人在地面监护。根据抢险作业的安全操作规程和技术交底,明确要求在加装盲板前要进行"扒眼,堵球胆"的封堵燃气措施;李某在2010年7月22日也对作业人员作了如上技术交底。然而在实际作业时,李某却违章指挥、违章作业,井下作业人员未戴空气呼吸器、未系安全绳、未带扒眼封堵器、未经降压,就卸下接轮的螺栓和压兰,并拆开密封胶圈,导致燃气的大量泄漏和作业人员窒息死亡。

（2）违反安全管理制度,危险作业无方案、无审批、无指挥、无协调、无监督是事故的直接原因。

《带气作业安全管理制度》规定:带气危险作业必须实施带气作业审批许可制度,审查作业的技术方案、安全措施、监护人员等,并落实各级人员在作业中的职责。但是,包头某燃气公司的这次井下危险带气作业,没有编制作业方案,没有审批流程,井下危险作业和燃气降压均由抢修大队队长卢某安排（严重违规越权）,而且卢某也未到现场,致使危险作业现场无指挥、无协调、无监管,生产运营部经理、安全监察部经理、公司分管生产安全的总经理助理对这次危险作业均不知情,致使抢修大队副队长李某违章指挥、违章作业无人监管,无人制止,最终导致该重大事故的发生。

（3）企业管理秩序混乱是事故的重要原因。

包头某燃气公司是老燃气企业,有比较完善的安全管理制度和丰富的抢险维修经验。在多次带气危险作业的过程中,认真执行安全管理制度和安全操作规程,均安全完成抢修任务。但是,在事故发生前的一个多月,该燃气公司由于某些深层次原因,企业秩序混乱。一些员工不服从领导,不听从指挥,不巡线、不抢修,还封闭了仓库大门,企业处于无管辖状态。企业的安全管理制度和管理体系遭到严重破坏。在这种背景下,进行无方案、无审批、无指挥、无协调、无监管的违章危险作业,导致重大安全责任事故的发生是必然的。

二、××公司"4·1"中毒和窒息事故

1. 事故经过

2014年4月1日,建设单位吴中区燃气有限公司(以下简称燃气公司)进行管线碰通工程施工,施工现场共有3个作业点,其中:一个为焊接碰通点,在兴昂路和苏震桃公路交叉处,也是主要作业点;其他两个作业点分别在田上江路与兴昂路交叉处、吴中大道和友新路交叉处(事故发生点),这两个点的施工作业是在井下开关阀门、装拆盲板和充氮气置换天然气。施工人员加项目负责人共10人。

按照施工方案,首先关闭碰通点上游老管道的三个阀门,接着关闭管道下游各天然气用户的阀门。在碰通点的老管道上,开启放散阀将管道内的天然气放空。放空结束后,在田上江路点和友新路点关闭的阀门后各安装一块盲板。盲板装好后,在友新路点、田上江路点开启放散阀,通入氮气置换管道内的天然气后,两名施工人员各自前往碰通点。碰通点焊接作业完成,另两名施工人员先后到田上江路点、友新路点抽盲板。按要求,田上江路点和友新路点的作业人员须用肥皂水刷在法兰上检漏。

因为未接到两个作业点检漏不正常的情况汇报,施工人员认为作业点检漏合格,于是电话通知田上江路点开启关闭的天然气阀门。杨A和王某开车赶去友新路点查看。到友新路点后,杨A停车,王某赶到井口发现杨B、杨C躺在井里,立即下井救人。2min后,杨A到井口准备接杨B时,发现王某也倒在井里。杨A立即电话通知在碰通点的员工,请她带人救援,并拨打120急救电话。该事故造成3人死亡。

2. 人员死亡和直接经济损失

事故造成3人死亡,直接经济损失310万元。

3. 事故原因和性质

1)直接原因

① 友新路点的燃气管道法兰在盲板抽取复位时未安装到位,田上江路点的天然气阀门开启后,管道带压,管道内的氮气从友新路点的法兰空隙处泄漏至友新路点的阀门井内,井内窒息性气体聚积,造成空气中氧气含量严重不足。

② 杨B、杨C安全意识淡薄,在受限空间作业,未按规定佩戴防护面具、未系安全绳,并在未开启通风设备的情况下,盲目冒险下井作业,导致窒息。

2）间接原因

① 江苏华能建设工程集团有限公司未认真落实安全生产主体责任,对施工人员安全培训教育不到位;未对施工作业进行安全技术交底,制订的碰通工程施工方案无安全防护和应急处置措施内容;作业现场安全监管不到位,友新路点作业现场未配备发电机,通风设备无法正常开启,井下作业未能保持良好通风环境。

② 苏州市吴中区燃气有限公司,未制定和落实承包商安全管理制度,对承包商安全生产工作管理不到位;工程发包后,对施工单位安全管理人员资质审核、碰通工程施工方案审核不到位,对作业现场安全监管不到位。

③ 有关行政主管单位和燃气行业管理部门安全监管不到位。

3）事故性质

经认真调查分析,事故调查组认定,该事故是一起施工单位安全防护措施缺失、作业现场安全管理松懈,施工人员盲目下井冒险作业,建设单位施工现场安全监管不到位导致的生产安全责任事故。

4. 事故防范措施

（1）根据生产安全事故调查处理"四不放过"的原则,事故调查组指出了江苏华能建设工程集团有限公司和苏州市吴中区燃气有限公司在安全管理方面存在的严重问题,要求两家单位认真落实安全生产主体责任,加强全员安全生产培训教育,建立和完善安全生产基础管理台账;建立健全企业安全生产责任制,建立和完善安全生产各项规章制度和操作规程;组织开展事故隐患自查自纠,加强施工现场安全管理,全面落实企业安全生产主体责任。

（2）建议行业主管部门组织开展城镇燃气安全专项大检查,对查出的各类问题进行通报,并明确整改要求、整改责任单位和整改时限。

（3）建议苏州市住建局、吴中区政府及相关部门进一步加大燃气管道施工安全监管力度,通报该起事故原因及查处情况,杜绝类似事故的再次发生。

第二节　违章作业引起的事故

一、湖北黄石"4·29"氮气窒息亡人事故

2014年4月29日17点30分,××燃气有限公司湖北分公司所属黄石中国

昆仑城投燃气有限公司在黄石市黄石大道北延段中压钢制燃气管道置换通气操作时,发生氮气窒息事故,造成2名员工死亡。

1. 事故经过

2014年4月25日,黄石公司维抢修队将黄石大道北延管段置换方案上报公司生产运营部,生产运营部现场勘探后,审核通过了该方案,主管副总经理批准后,确定置换时间为4月29日。

2014年4月27日上午,安全总监吴某,维抢修队长张某,生产运营部经理聂某对现场作业人员进行了培训,对方案的各个环节进行了明确,对各组作业现场步骤进行了要求。

2014年4月29日8时50分,副总经理组织生产运营部、质量安全环保部、工程技术部、维抢修队及施工单位的相关人员进行了交流。

9时,对20m碰头管段氮气置换后,进行三通安装施工。

15时40分,三通安装完毕,进行焊缝探伤检测,探伤检测合格。

16时10分,现场4名操作工和1名安全员开始准备作业,按分工要求去往各自岗位。因注氮点无监护人员,安全员留在注氮点监护。注氮点按要求连接注氮装置,放散点的操作工卢某和李某在没有按置换方案安装临时放散装置的情况下入井打开放散阀。注氮人员卞某向放散人员确认是否可以注氮,放散点人员回复可以注氮,卞某电话请示维抢修队长张某是否注氮,维抢修队长在未核实现场情况下,同意注氮并下达指令。

17点,开始注氮。17点30分左右,巡检人员胡某从注氮点开始巡线,胡某发现放散点操作工卢某因未检测阀井气体浓度就直接下井操作而昏迷。监护人员李某发现卢某昏迷后,未戴任何防护工具,直接跳入井中施救。巡检人员胡某赶到井边协助李某向外拉卢某,而李某抱着卢某也昏迷在井中。胡某立即通知注氮点停止注氮,上报维抢修队长,并拨打了120急救电话。黄石公司启动了应急预案,应急小组立即赶往现场,此时胡某向路人寻求救助,现场对卢某和李某进行心肺复苏施救。而后黄石公司应急救援人员到达事故现场。

17时55分,120救护车抵达,将伤员送医院抢救。

18时伤员被送达黄石市二医院进行抢救。然而医院经多方努力后,于当晚宣布卢某、李某经抢救无效死亡。

2. 事故分析

1）直接原因

放散人员未按置换方案操作，未在末端阀井放散阀处安装放散设施，造成氮气在末端阀井内放散并聚集。作业人员进入阀井内操作时窒息昏迷，现场监护人员未佩戴防护用具入井盲目施救，造成2人氮气窒息死亡。

2）间接原因

① 放散点处作业人员在未安装放散装置的情况下告知注氮人员注氮点具备注氮条件。

② 现场监管人员未按置换方案要求进行置换前作业条件的符合检查。

③ 维抢修队队长置换作业前未到现场核实，在仅凭现场电话汇报认为置换作业条件具备的情况下，下达注氮置换作业指令。

④ 作业人员安全意识淡薄，风险意识不强，对氮气引起窒息及死亡的风险认识不足。

⑤ 现场置换人员迫于用户催促和供气时间的压力，盲目简化作业程序。

⑥ 巡检监护人员对违章行为没有及时提醒和制止。

⑦ 放散作业人员存在侥幸心理和麻痹思想。

3）管理原因

① 投产作业的规定及要求落实不到位，"三违行为"没有得到有效遏制。

② 进入阀井作业属于有限空间作业，但在实际执行中，进入有限空间作业许可执行不到位。

③ 现场指挥组负责人员应在现场组织实施投产置换，但实际未在现场。

④ 现场专职安全监督检查人员没有尽到职责。

3. 事故教训

（1）生产经营单位应加强员工的安全生产培训教育，增强其安全意识和自我保护意识，使作业人员了解掌握安全操作规程和规范的内容及要求，并自觉遵守。

（2）生产经营单位应加强作业过程中对安全操作规程执行情况的检查与监督，消除作业现场安全管理的空白，杜绝违章作业情况的发生。

二、××公司"8·27"人员窒息事故

1. 事故经过

2013年8月27日上午11点左右,沧州某燃气公司运行部维护班组长王某和黄某(监护人兼司机)二人到黄河路与清池大道交叉口东南角阀门井(阀门编号为F041)进行排水作业。当二人打开井盖准备作业时,闻到疑似天然气泄漏的气味,组长王某在未穿戴任何劳动防护用品的情况下便进入阀井内检查,发现阀井内蝶阀填料密封压盖处有天然气泄漏,随即进行维修,约20min后出现昏倒情况。黄某立即拨打电话120、119和110,同时通知周边巡视人员赶到现场。巡视人员王某到达现场后也未穿戴劳动防护用品便进入井内救人,随即也出现昏倒情况。二人被及时赶到的消防人员救出后立即送至医院,巡视人员王某经抢救无生命危险,组长王某经抢救无效于13时30分不幸身亡。公司接到信息后,立即要求运行部维持好秩序,关闭附近3座阀门,对周围近6000户居民用户及3户工商用户实施紧急停气措施,从而控制肇事阀门继续泄漏。燃气公司随即组织力量开始对肇事阀门进行更换作业,并于8月27日下午4点左右完成了阀门更换及中压管道供气,29日全天完成用户全面置换及恢复供气工作。

2. 事故分析

1)人的不安全行为

组长王某在进入阀井内作业前没有办理《密闭空间作业许可证》、没有穿戴劳动防护用品,在未对阀门进行检测、检查的情况下冒险入井作业,属于违章作业行为;监护人员黄某明知组长王某入井前未办理进入《密闭空间作业许可证》且未穿戴劳动防护用品,未能给予制止,属于监护不到位。

巡视人员王某在施救条件不具备的情况下贸然施救,造成本人受伤引发次生事故。

2)物的不安全状态

阀井内DN200的蝶阀压盖填料不密封,造成燃气泄漏,致使阀井内环境缺氧。

3)间接原因

在进入有限空间作业前未对其进行气体检测,监护人员和作业人员均未按照密闭空间作业等有关制度操作。

劳动防护用品管理、使用制度不落实,没有监督、教育作业人员在作业时携带好空气呼吸器等劳动防护用品并按照使用规则佩戴和使用。

安全教育及培训不足,公司虽组织过相关技能岗位的培训,但作业人员安全意识还是不强。组长王某在明知阀井泄漏的情况下仍凭经验冒险下井违章带气作业,这反映出公司对员工的安全教育培训不足,员工安全意识淡薄。

阀门失修老化未及时更换。

3. 事故防范措施

(1)组织召开专题会议,将事故内容通报给每位员工。

(2)加强对密闭空间作业管理力度,严禁在未审批及条件不具备情况下进入密闭空间作业,并切实开展制度执行情况的检查和考核。

(3)加强安全监督检查力度,各业务部门需加大安全生产监督检查力度,对安全措施的落实情况要认真检查,保证措施落实到位,对检查中发现的问题及时消除。

(4)生产经营单位应加强对有限空间一线作业人员的安全宣传教育,对作业人员进行安全技术交底。加强作业人员的安全意识和自我保护能力。

三、××公司"8·16"缺氧窒息事故

2013年8月16日7时许,××公司在石家庄市高新区东佐村村北太行大街东侧(正利达纺织厂对面)7#通信管道人孔井内进行清理垃圾作业时,2名工人先后缺氧窒息昏迷,分别送往省四院东院和栾城县医院,救治无效死亡,直接经济损失约122万元。

1. 事故经过

2013年8月16日7时左右,××公司施工负责人刘某安排8名工人清理位于石家庄市高新区东佐村村北的通信人孔井内的垃圾,其中薛某和于某为一组。当薛、于两人清理7#井时,薛某在地面监护,于某首先下井,几分钟后晕倒。薛某发现后,立即向周围工友呼救,在旁边8#井巡检的兼职安全员刘某听到喊声后随即跑来,下井进行救援,随后也晕倒在井内。井上其他人员又将魏某身体绑上绳子送入井下继续救援,下井后不久就感觉呼吸急促,立即呼救,井上人员迅速将其拉至地面,经现场施救,魏某脱离生命危险。于某、刘某二人被救至地面后送往医院,抢救无效,相继死亡。

2. 事故分析

1）直接原因

施工现场违反 GBZ/T 205—2007《密闭空间作业职业危害防护规范》第 6 章安全作业操作规程的规定，下井前未对井内有毒、有害气体及含氧量进行检验、检测，违规进入缺氧的井内作业，盲目施救，是导致该起事故发生的直接原因。

2）间接原因

① ××公司对施工人员安全管理不严，致使施工人员安全意识淡薄，无视相关安全操作规程，冒险下井。

② ××公司施工人员未严格按照规范规程对发生事故的人孔井进行施工建设，造成该人孔井通风不畅，且安全管理人员在工人下井操作过程中，未进行现场监护。

③ ××公司未能严格执行安全技术交底制度，未认真执行下井作业相关规定，对施工现场安全防护措施管理不到位。

④ 在多井作业情况下，施工工序安排不合理。

3. 事故防范措施

（1）对施工现场开展安全生产大检查，彻底消除安全隐患，制定并严格落实安全生产责任制、安全生产规章制度和安全操作规程，预防各类事故再次发生。

（2）要严格按照方案进行施工，强化对安全技术交底管理，特别是针对有限空间作业要严格执行相关安全管理规定，严禁违规、冒险作业。

（3）强化安全教育及安全生产制度建设，提高工人安全防范意识，完善并严格落实隐患排查治理制度。

（4）要严格执行安全生产有关制度规定，确保各级安全管理人员履职到位，同时要完善合同管理，规范合同履行手续。

第三节　安全投入不足引发的事故

安全投入不足引发事故，是安全管理人员非常值得深思的一个问题。

一、事故案例

2006 年 6 月 22 日，上海市虹桥临时泵站在维修作业过程中，1 名下井作业人员被硫化氢熏倒,2人盲目下井施救也先后中毒,3人全部死亡。

2013年8月27日中午11时左右,沧州公司位于清池南大道与黄河路交叉口东南角天然气阀门井内发生一起人员窒息事故,事故造成1死1伤。

2014年1月22日14时35分左右,××燃气公司工作人员在进行节前安全检查过程中,对青海省德令哈市长江路25号商品楼对面道路绿化带内发生泄漏的天然气地下管道进行维修时,因井内燃气浓度过高,3名下井维修人员相继晕倒,造成2人死亡。

二、事故原因

以上几起事故中,虽然有作业人员的安全意识差、对作业危险性认识不够、违章作业和冒险救援等原因,但是作业单位的安全投入严重不足,没有为作业人员配备作业必须的气体检测仪、空气呼吸器等安全装备也是事故发生的重要原因。

三、事故经验教训

涉及污水站、燃气井作业的单位,要认真吸取教训,加大对安全生产的投入力度。一是必须为作业人员配备正压式空气呼吸器或长管呼吸器、气体检测仪等安全装备设施;二是要对作业场所采取通风、排气等安全措施,有条件的应进行空气置换;三是要设有掌握应急救援知识的监护人员,并为其配备通信、救援等设备。

第四节　安全教育不到位引发的事故

一、××公司"4·24"中毒窒息死亡事故

1. 事故经过

2007年4月24日15时左右,北京市某燃气输配分公司某管网管理所刘某、孟某用可燃气体检测仪对太平路中闸1号井进行检查,发现井内天然气浓度超标,随即用电话报告其班长张某。

14时30分左右,张某带领工人田某赶到现场对该闸阀进行检查,发现闸阀阀体注油孔丝堵处有轻微天然气泄漏,于是张某、田某下井进行堵漏,2人在下井作业时未佩戴任何防护用具。在堵漏过程中,阀体注油孔丝堵脱落,导致大量天然气

泄漏。

15 时左右,张某爬出井室打电话向队长赫某报告天然气泄漏情况,此时井室内因天然气浓度过高而严重缺氧,田某在井室内窒息晕倒。张某在未佩戴防护用具的情况下,再次下井欲将田某救出。在施救过程中,张某也因严重缺氧而窒息晕倒在井室内。

15 时 20 分左右,队长赫某赶到事故现场,同样没有采取防护措施,只是将绳子系在腰上,在其他人的帮助下下井施救,结果赫某也窒息倒在井室内,后被井上人员拉出。

15 时 30 分左右,119 消防人员、120 抢救人员赶到现场,将窒息晕倒在井下的张某、田某救出,分别送往 307 医院和复兴医院进行抢救。

北京市某燃气输配分公司接到报警后立即启动应急预案,15 点 40 分,该公司指挥抢修人员到达现场进行抢险救援,采取临时堵漏措施。16 时 15 分,天然气泄漏基本得到控制。16 时 30 分,现场交通恢复。为彻底消除隐患,某燃气输配分公司于 21 时进行闸阀更换作业,25 日凌晨 4 时闸阀更换完毕,抢险结束。

张某、田某因窒息时间过长,抢救无效,于当天 17 时死亡。赫某于 25 日凌晨 2 时苏醒,脱离生命危险。

2. 事故分析

事故联合调查组依法对事故现场进行认真勘查,查阅了有关资料,并对事故的目击者和涉及相关人员进行询问。经调查分析,查明了事故的原因及性质。

1)直接原因

作业人员违章作业、冒险作业,是本次事故的直接原因。

① 作业人员在作业过程中违反该公司的《安全操作规程》。北京市某燃气有限责任公司《安全操作规程》2.1.5.4 规定:当闸井内漏气时,必须先强制通风,待闸井内燃气浓度降至 2% 以下时,方可下井作业。操作时应穿戴劳动防护用具,并使用铜制工具。张某、田某在下井作业前虽然打开井盖进行了通风,但在未穿戴防护具的情况下,冒险进入室内进行堵漏作业,因天然气大量泄漏导致伤亡事故发生。

② 作业人员违反设备维修的相关要求作业。《RZ、RQZ 系列燃气用平行双闸阀说明书》第九项规定:阀门的维修保养须在停气的状况下进行。经查,作业人员在未停气的情况下即下井实施维修作业,冒险将注油孔丝堵向外旋出数扣,欲缠上

密封料带再向里旋紧以堵住漏气。在向外旋松丝堵时不甚将丝堵松开过多,导致注油孔丝堵脱落,造成天然气大量泄漏。

2)间接原因

安全制度和安全操作规程不落实,是事故发生的间接原因。某燃气有限责任公司制定了《安全操作规程》,燃气输配分公司也制定了《燃气管网安全运行手册》,但缺乏有效的措施落实规章制度,忽视了作业现场安全的督促和检查,作业现场的安全管理不到位。在事故调查中还发现,对于 RZ、RQZ 系列燃气用平行双闸阀在漏气时如何处置没有作相应的规定,作业人员凭经验处置,处置不当易造成事故。

3. 事故教训

生产经营单位应加强员工的安全生产教育培训,增强其安全意识和自我保护意识,使其了解和掌握相关标准、规范的内容和要求,并切实贯彻到日常工作中。

生产经营单位应加强对操作规程执行情况的检查与监督,通过落实安全生产管理制度,确保安全操作规程落实到每一位作业人员。

生产经营单位应进一步完善细化操作规程及作业流程,明确具体设备、具体部件、具体情况下的操作方法,避免作业人员凭经验操作。

二、地下管井作业场所中毒事故

2005 年,济南市连续发生了几起地下管井作业场所中毒事故,造成多人死亡。

2005 年 7 月 11 日,济南市信泰德装饰有限公司的 2 名工人,在车站街为济南铁路会议中心清理下水道时,先后在 3m 深的污水沟里窒息死亡。

2005 年 7 月 22 日,济南市长清区某施工队 2 名职工在清理长城炼油厂的污水池时,在污水池内中毒窒息死亡。

1. 事故原因

上述事故发生后,济南市有关职能部门对事故发生的原因、责任进行了认真的调查分析,认定几起事故均属于责任事故。事故原因主要是用人单位没有对职工进行必要的教育培训;职工缺乏基本的安全常识,施工单位制度不健全;管理不善。

2. 事故教训与防范措施

(1)要利用多种形式对职工、居民和作业人员进行安全常识和职业安全卫生知识宣传教育。使其了解硫化氢、一氧化碳等有毒有害气体的性质、危害,知道哪些地方容易产生有害气体,如何预防这些气体的危害,提高职工、居民和作业人员的自我防护意识。

（2）各有关单位要建立健全地下管井疏通作业操作规程,为从事管井疏通作业人员配备职业危害防护设备及有效的个人防护用品,如空气呼吸器、安全绳等。

（3）有关部门和单位要定期对容易产生有毒有害气体的场所进行检查,及时清理垃圾、粪便、纸浆等有机物,保持市容清洁。特别是夏天高温季节,需防止有机物发酵后产生有毒气体。

（4）有关单位要配备快速气体检测仪,及时掌握污水池及地下管井等场所有毒有害气体的种类及浓度,采取必要的通风排毒措施,严禁在有毒有害气体浓度超标时无防护、冒险作业。

（5）建立健全本单位地下管井及有害气体场所作业应急救援预案,并组织演练。一旦发生井下急性硫化氢等有毒气体中毒事故时,救援人员切忌盲目进入池内或管道内救人,一定要在佩戴好防毒口罩,系好安全绳,并有专人监护的条件下施救,避免不必要的人身伤亡和财产损失。如发生急性中毒,应立即将患者撤离现场,移至空气流通处,保持其呼吸道的通畅,有条件的还应给予吸氧;有眼部损伤者,应尽快用清水反复冲洗;对呼吸停止者,应立即进行人工呼吸;对休克者应让其取平卧位,头稍低;对昏迷者应及时清除口腔内异物,保持呼吸道通畅,并及时拨打急救电话,将中毒者送至医疗机构进行救治。

第五节　应急措施不到位导致的事故

"8·5"污水管道硫化氢中毒事故是此类事故的　个案例。

一、事故经过

2006年8月5日10点50分左右,在某建筑工程有限公司负责施工的北京市清河小营西侧至安宁庄路口道路工程施工现场,该公司现场负责人安排工人杨某在新建污水检查井内抹灰。原有污水管道突然爆裂,伴有硫化氢气体的污水大量喷出,导致杨某身体被污水冲击失去平衡。在井外进行井下回填作业的工人孙某听到呼救声赶来,只见杨某站立不稳身体倒地,被喷出的污水冲进尚未启用的新建污水管道内。孙某立即和随后赶来的2名工人王某、马某对杨某进行打捞。在打捞过程中,3 人均有不同程度的硫化氢中毒。王某、马某、孙某 3 人被救至地面,经医院抢救脱离危险,而杨某经抢救无效死亡。

二、事故原因

根据工程设计方案,某建筑工程有限公司新建了一口污水检查井,该井为新旧污水管道连接处。原污水管道是混凝土预制管,该管埋入地下多年已经老化,管道耐压强度已达不到原设计标准。加之事故发生前雨水较多,原污水管内压力较大,导致管道突然爆裂,大量污水和有毒气体喷涌而出,将井内作业的工人杨某冲进新建污水管道内。经法医尸检,排除杨某中毒死亡,结合事故情况分析,杨某可能为溺水死亡。

安全措施不到位是造成杨某死亡的重要原因。某建筑工程有限公司在安排工人下井作业时,对可能发生的危险缺乏充分认识,没有考虑到旧污水管道存在安全隐患,作业人员没有安全防护措施,从而导致杨某被污水冲进管道内死亡。

施救措施不当,是造成多人中毒的重要原因。该公司在新建、改造污水管道施工过程中,未根据规定对施工工人进行培训教育,施工方案中又缺乏遇险情况下的应急救援措施,以致工人在事故发生时陷入慌乱,由于缺乏必要的自救知识,盲目施救,造成多人中毒。

三、事故教训

生产经营单位应对危险源进行充分识别,并制定相应的应急预案。有限空间发生事故应科学救援,防止事故进一步扩大。

生产经营单位应落实安全生产责任制,认真检查本单位在安全生产工作中存在的问题,及时发现并消除生产安全事故隐患,确保安全生产。

第六节　盲目施救、冒险施救导致事故进一步扩大

一、事故案例

2006 年 10 月 8 日 9 时,杭州钢铁集团动力公司 4100 空分系统冷却塔内,发生一起外包施工人员随意进入冷却塔而导致氮气窒息的事故。由于工友盲目施救,共造成 3 人死亡。

2008年6月29日,安徽省淮北市相山区南黎路污水管网清淤过程中,1名工人因中毒窒息长时间未返回地面,其他6人在未佩戴任何防护器具的情况下,陆续盲目进入窨井中施救,最终导致7人中毒窒息死亡。

2008年12月26日21时,辽宁省鞍山市某公司山南储配站2人在阀门室进行水封槽放水作业时,因放水阀门失灵,导致煤气外泄。2人因此中毒,另5人发现后在施救过程中,相继中毒,共造成4人死亡、3人受伤。

2014年6月29日15时40分许,长沙市芙蓉区万家丽中路宽寓大厦附近的人行道上,2名燃气公司的工人先后下井检修燃气管道,双双中毒晕倒在井内。所幸被赶来的其他工作人员和热心市民救出,然而仍然有1名工作人员死亡。

2014年10月20日凌晨3时20分许,山东省济南市经八路17号,工程承建方施工人员在济南经八路西段进行危旧管网改造施工,在对废弃管道进行氮气吹扫过程中,正值阴雨天气,吹扫管道用氮气在低洼处聚积,使现场操作人员缺氧窒息,现场工程监护人员在施救时也发生窒息。事故共造成2死1伤。

2016年5月31日19时18分许,位于新疆阿克苏地区库车县幸福路鸿升宾馆门前库车县××燃气公司门站至金石沥青燃气管线第48#阀井内,发生一起由安装队在进行燃气管线封堵施工作业时,管线内燃气泄漏,致使在阀井内的施工作业人员窒息昏迷,阀井外监护的××燃气公司工作人员盲目施救而引发的窒息死亡事故。事故导致一人死亡、两人受伤。

二、事故原因

这几起事故的一个突出特点是:第一名作业人员中毒晕倒后,其他人员在没有任何防护措施的情况下盲目施救,前赴后继,造成群死群伤。

作业现场硫化氢、燃气浓度偏高,作业前未进行气体检测,未采取排风或通风措施。

首先下井的作业人员未采取有效的安全防护措施,而后面施救人员在施救过程中也未采取安全防护措施。

作业人员对下井作业的危险性认识不够或不清楚存在的危险,这往往与长期缺乏安全教育、安全培训有关。

作业人员和管理人员存在侥幸心理,认为自己身体强壮,憋口气就能下井解决问题,其实不然。

三、事故教育与防范措施

上述几起事故，偶尔发生一起尚可理解，但是同类事故一再发生，就需要我们认真反思和总结了。许多事故的直接责任者，同时也是受害者，他们大多死伤于无知，而真正应该对事故负责的是这些单位的管理者。规则制度不健全、宣传教育不落实、安全管理不到位，才是造成群死群伤的真正原因。

（1）必须加强对员工的安全教育培训。重点要突出岗位安全生产的培训，使每个员工能熟悉本岗位的职业危害因素和防护技术及救护知识，教育员工正确使用个人防护用品、遵章守纪与科学救援。

（2）要根据作业过程中的危险源以及可能造成的危害，制定有针对性的应急预案，强化宣传教育，并定期组织员工进行演练。

（3）必须为作业人员配备正压式空气呼吸器、救护器具等紧急防护设施。

据统计，有限空间作业时，发生事故的情况集中出现在两类人身上：一类是经验丰富的老员工，易凭经验处理，一时疏忽大意发生意外；另一类是未经培训、安全意识淡薄的新员工。另外，不具备应急救援知识和技能是事故扩大的主要原因之一。

第三章 燃气行业有限空间安全原则及事故防范措施

第一节 燃气行业有限空间作业安全十大原则

有限空间作业不仅具有较大的危险性,而且具有事故的易发性及后果的严重性。我们要充分认识有限空间作业安全管理的重要性和必要性,落实各项保障措施,避免事故发生。有限空间作业安全管理方面,应遵循以下十大原则。

一、方案原则

凡是涉及某处有限空间作业的,不论大小均需做出方案,方案做出前必须组织人员对此处的危险因素进行识别,并提出相应的应对措施,方案的简易程度视具体作业内容而定,且包含作业方案和安全预防及控制方案,方案要发到作业人员和监督人员手中且必须让其明确。

二、培训原则

对有限空间作业人员、监督监护人员进行日常及作业前的培训。培训的内容必须包括危险源的识别、有限空间作业的安全防护、应急处置及相关的作业原则等。有限空间作业的常见风险有中毒、窒息、着火、爆炸、机械伤害、触电、砸伤或拆件损伤设备和盲目施救等,所以在对人员的培训上必须讲全讲细,且要求人员必须具备相应作业风险的应急处置能力。

三、应急处置原则

有限空间作业的有关人员具备了相应的应急处置能力后,还应参加应急处置的模拟演练,以锻炼他们实际操作和灵活应变的能力。

四、作业票原则

在方案具备、人员到位、技术交底清楚、所有作业条件均满足的条件下,由相应的安全管理人员到现场确认后开具作业票。一旦作业,所有相关人员必须在作业票上签字认可,作业票的制订必须规范,内容及风险防范措施必须清楚且到位。

五、中止交接原则

因作业人员交换或与其他工种操作对象衔接或配合而暂停作业时,必须进行人员间的技术交底、重新过程检查、重新监测分析和再次签订作业票据。

六、监督监护原则

本原则应贯穿始终,无论是作业时,还是前后检查处理时,均需要监督检查,监督监护必须到位且不得离开现场,监督监护时与作业人员应保持一定距离。商定好联络信号或手势,并定时联络。

七、标志原则

在有限空间作业处、与该有限空间相连接的管道控制点、通道处、风道处或交叉作业处等,均应悬挂上明确的警示标志,同时控制阀门、警示标志旁应说明作业地点,尤其是作业点与控制点不在同一处时更应特别注意,以免其他人员未见施工而胡乱操作,从而引发事故。

八、防护原则

作业人员、监护人员必须正确选择、检查和佩戴好劳保防护用品或报警仪器,不得错用和使用失效防护用品,在选择、检查和佩戴过程中要相互检查合格后方可实施作业。

九、检查处理原则

作业前的检查处理:检查与有限空间作业相连的工艺管道是否处于有效盲断、隔离和拆除;检查与有限空间作业的通道是否畅通;检查警示标志是否正确到位;检查应急设施、物品是否到位。作业后的检查处理,检查作业点是否达到作业技术要求;检查作业现场是否存在遗漏的工具、杂物或拆卸物。

十、监测分析原则

对有限空间作业的有毒有害物质及氧气含量必须进行监测分析。如在作业过程中,有限空间内条件发生变化或终止作业后,必须定时或重新监测分析,将数据结果及时传达给安全管理人员。安全管理人员根据技术规范分析现场的有限空间作业程序并提供正确的处理方案。

第二节　燃气行业有限空间安全事故防范措施

燃气行业有限空间事故防范措施主要从以下四个方面入手：广泛开展有限空间作业的安全宣传和教育；认真做好有限空间作业人员的安全和教育培训；制定并完善有限空间作业安全管理制度并严格制定和执行应急救援预案；配备应急救援器材，遇险时科学施救。

一、广泛开展有限空间作业的安全宣传和教育

燃气管道设施的数量仍将快速增长，意味着将会有更多的人员从事燃气运行、维护和抢修等工作。有限空间作业流动性大、危险有害因素多，因此加强安全知识和安全意识宣传教育，是防范有限空间作业安全事故的重要手段。

充分利用广播、电视、网络、报刊、杂志、宣传栏、专题培训班、专题讲座等各种形式宣传有限空间作业的危险性和事故防范的方法。

充分发挥专家和专业协会的作用，指导和帮助企业开展防范中毒窒息事故的安全培训，提高员工应急处置能力。

二、认真做好有限空间作业人员的安全培训

安全教育培训是企业安全生产工作的重要内容。从"物"的方面来说，对有限空间的危害可以采取各种相应的防护措施进行预防，而培训则是注重"人"的方面。由于人的违规操作、缺乏经验或是缺乏相关知识与技能等，使得前面提到的大多数事故的发生都源于人自身。

坚持安全教育制度，搞好对全体员工的安全教育，对提高企业安全生产水平具有重要作用。企业所有员工都必须坚持"先培训、后上岗"的原则，特别是对有限空间作业人员，更要严格把好教育培训关，培训考核不合格严禁上岗作业。

1. 培训内容

对于有限空间作业的培训，应涉及以下内容：

（1）有限空间作业的危险有害因素和安全防护措施；

（2）有限空间作业的安全操作规程；

（3）检查仪器、劳动防护用品是否正确使用；

（4）有限空间作业许可证办理程序、填写记录；

（5）有限空间的气体监测；

（6）相关人员（现场负责人、作业人员、监护人员、应急救援人员等）的职责；

（7）紧急情况下的应急处置措施。

2. 培训时机

培训可以考虑在以下时间节点安排进行：

（1）授权可以执行有限空间进入作业前；

（2）有限空间进入程序有变化；

（3）单位有限空间的危害有变化；

（4）单位有理由相信人员未遵守相关程序要求时；

（5）应急救援人员的定期培训。

有限空间作业人员经专项安全培训考核合格后方可上岗。培训应每年不少于1次，应当有专门记录，并由参加培训的人员签字确认，以建立安全培训档案。

三、制定并完善有限空间作业安全管理制度

1. 作业前认真进行危害辨识

（1）是否存在因可燃气体、液体或可燃固体的粉尘发生火灾或爆炸而引起正在作业的人员受到伤害的危险。

（2）是否存在因有毒、有害气体或缺氧而引起正在作业的人员中毒或窒息的危险。

（3）是否存在因任何液体水平位置的升高而引起正在作业的人员遇到淹溺的危险。

（4）是否存在因固体坍塌而引起正在作业的人员掩埋或窒息的危险。

（5）是否存在因极端的温度、噪声、湿滑的作业面、坠落、尖锐锋利的物体等物理危害而引起正在作业的人员受到伤害的危险。

（6）是否存在吞没、腐蚀性化学品、带电等因素而引起正在作业的人员受到伤害的危险。

2. 作业前实施隔断（隔离）、清洗、置换通风

隔断（隔离）是指针对能源的释放和材料进入空间，对许可空间进行保护和拆除许可空间与外部管路的连接过程采取相应的措施。如加盲板；拆除部分管路；采用双截止阀和放空系统；所有动力源锁定和挂牌；阻塞和断开所有机械连接。

对实施作业的有限空间进行清洗、置换通风，使作业空间内的空气与外界相同。这样可以排除累积、产生或挥发出的可燃、有毒有害气体，保证作业环境中的氧气含量，从而保证作业人员安全。

3. 作业前严格进行取样分析

对作业空间的气体，特别是置换通风后的气体进行取样分析。各种可能存在的易燃易爆、有毒有害气体、烟气以及蒸气、氧气的含量要符合相关的标准和要求。

对于可燃性气体（氢气、甲烷等），当可燃性气体的爆炸下限大于或等于 4% 时，其被测浓度不大于 0.5%（体积分数）；当被测可燃性气体的爆炸下限小于 4% 时，其被测浓度不大于 0.2%（体积分数），则为合格。

4. 安排专人进行作业安全监护

进入有限空间作业要安排专人现场监护，并为其配备便携式有毒有害气体和氧气含量检测报警仪器、通信、救援设备，不得在无监护人的情况下作业。作业监护人应熟悉作业区域的环境和工艺情况，有判断和处理异常情况的能力，掌握急救知识。

5. 必要时采取个体防护措施

（1）按规定佩戴适用的个体防护用品器具。
（2）在特殊情况下，要佩戴隔离式防护面具。
（3）作业人员应定时轮换，作业单位可根据作业现场情况，确定作业轮换时间。
（4）应使用安全电压和安全行灯，应穿戴防静电服装，使用防爆工具。

6. 进入有限空间作业检查确认程序

进入有限空间作业必须严格遵守检查确认程序和作业许可证，样表见表 2-1 和第一部分中的表 1-6、表 1-7、表 1-8。

表 2-1 进入有限空间作业检查确认程序

编号	检查项	检查项目描述	问题描述
1		在现场张贴合格的作业许可证	
2		查看记录,已作风险评估、危险源辨识,对员工进行安全教育	
3		作业人员穿戴工作服、安全帽、工作鞋、全身式安全带等个人防护用品	
4		呼吸器、报警器、防爆对讲机等状况良好	
5		梯子、三脚架、安全绳等逃生救援工具符合要求	
6		有限空间外备有清水等相应的应急用品	
7		气体检测仪器和防爆风机等设备处于正常状况	
8		切割、焊接设备检验过且状态良好	
9		使用超过安全电压的手持电动工具作业或进行电焊作业时,配备有漏电保护器	
10		有适量的消防器材,并处于正常状态	
11	作业准备	有限空间出入口畅通	
12		与其他系统连通的可能危及安全作业的管道应采取有效隔离措施	
13		用电设备停机时切断电源,上锁并加挂警示牌	
14		天气良好或已采取应对措施	
15		与有限空间相连通的可能危及安全作业的孔、洞已被严密封堵	
16		在有限空间外有专人监护	
17		现场已设置明显的隔离区域、安全警示标志和警示说明	
18		在易燃易爆的有限空间作业时,使用防爆型低压灯具及防爆工具	
19		检查记录符合规定:一氧化碳浓度不得超过 30.0mg/m³(24ppm);硫化氢浓度不得超过 10.6mg/m³(7ppm);可燃气体浓度不大于 0.5%;氧气含量为 19.5%~22%;连续性空气安全测试合格	
20		通风设施良好且可靠	
21		进入罐体等环境前应采取消除静电的措施	
22		有限空间内盛装或者残留的物料对作业存在危害时,作业人员应当在作业前对物料进行清洗、清空或者置换	

续表

编号	检查项	检查项目描述	问题描述
23		无交叉作业	
24		潮湿容器中,作业人员应站在绝缘板上,同时保证金属容器接地可靠	
25		作业人员每次连续作业时间不能超过 1h,风险级别较高的应酌情缩短单次作业时间	
26	有限空间作业过程	作业人员使用防爆对讲机等有效通信工具	
27		监护人在作业现场,并与作业人员保持联系	
28		作业过程中,采取防爆风机等强制通风措施	
29		监护人对作业场所中的危险有害因素进行定时检测,至少每 30min 监测一次,对记录结果签字确认	
30		作业中断超过 30min 时,作业人员再次进入有限空间作业前,必须重新通风,检测合格后方可进入	
31	作业结束	作业结束后,现场负责人、监护人对作业现场进行清理,清点作业人员和工器具,必须与作业前相符	
32		作业中止或结束后,较为容易进出的有限空间设置了明显的隔离区域、隔离装置、安全警示标志和警示说明	
33		作业中止或结束后,现场负责人和监护人在许可证上签字确认	

四、制定应急救援预案

在实施有限空间作业前,相关人员应在危险辨识、风险评价的基础上,结合法律法规、标准规范的要求,在作业之前针对本次作业制订严密的、有针对性的应急救援计划,明确紧急情况下作业人员的逃生、自救、互救方法,并配备必要的应急救援器材,防止因施救不当造成事故扩大。

现场作业人员、管理人员等都要熟知预案内容和救护设施使用方法。要加强应急预案的演练,使作业人员提高自救、互救及应急处置的能力。

第三部分

适用的法律法规、标准规范

第一章　有限空间作业适用的法律法规辨识清单

　　本文关于有限空间作业适用的法律法规辨识限于法律法规、行政规章、国家或行业标准和规范,见表 3-1。各城镇燃气企业在开展法律法规辨识时应包括当地的相关法律法规、企业标准和规范等,本文不作辨识。

表 3-1　燃气行业有限空间法律法规辨识清单

序号	颁布部门	名称	文号/标准号	颁布日期	实施日期
1	全国人民代表大会常务委员会	《中华人民共和国安全生产法》	2014 年 8 月 31 日,中华人民共和国主席令第十三号	2002 年 6 月 29 日由第九届中华人民共和国全国人民代表大会常务委员会第二十八次会议通过,2002 年 11 月 1 日起施行。2014 年 8 月 31 日第十二届全国人民代表大会常务委员会第十次会议通过全国人民代表大会常务委员会关于修改《中华人民共和国安全生产法》的决定	2014-12-1
2	国家安全生产监督管理总局	《工贸企业有限空间作业安全管理与监督暂行规定》	总局令第 59 号	2013-05-20	2013-07-01
3	国家安全生产监督管理总局	《缺氧危险作业安全规程》	GB 8958—2006	2006-06-22	2006-12-01
4	中华人民共和国卫生部	《密闭空间作业职业危害防护规范》	GBZ/T 205—2007	2007-09-25	2008-03-01
5	中华人民共和国卫生部	《工作场所有害因素职业接触限值第 1 部分:化学有害因素》	GBZ 2.1—2007	2007-04-27	2007-11-01

序号	颁布部门	名称	文号/标准号	颁布日期	实施日期
6	国家安全生产监督管理总局	《城镇燃气行业防尘防毒技术规范》	AQ 4226—2012	2012-03-31	2012-09-01
7	国家安全生产监督管理总局	《化学品生产单位受限空间作业安全规范》	AQ 3028—2008	2008-11-19	2009-01-01
8	国家质量监督检验检疫总局	《呼吸防护用品的选择、使用与维护》	GB/T 18664—2002	2002-3-12	2002-10-01
9	中国国家标准化管理委员会	《呼吸防护长管呼吸器》	GB 6220—2009	2009-04-13	2009-12-01
10	中国国家标准化管理委员会	《自给开路式压缩空气呼吸器》	GB/T 16556—2007	2007-06-26	2008-02-01

第二章　安全生产常用法律法规

一、《中华人民共和国安全生产法》

全国人大常委会 2014 年 8 月 31 日表决通过关于修改安全生产法的决定。新《中华人民共和国安全生产法》（简称"新法"），认真贯彻落实习近平总书记关于安全生产工作一系列重要指示精神，从强化安全生产工作的摆位、进一步落实生产经营单位主体责任、政府安全监管定位和加强基层执法力量、强化安全生产责任追究等四个方面入手，着眼于安全生产现实问题和发展要求，补充完善了相关法律制度规定，主要有十大亮点。

1. 坚持以人为本，推进安全发展

"新法"提出安全生产工作应当以人为本，充分体现了习近平总书记等中央领导同志关于安全生产工作一系列重要指示精神。在坚守发展决不能以牺牲人的生命为代价这条红线，牢固树立以人为本、生命至上的理念，正确处理重大险情和事故应急救援中"保财产"还是"保人命"问题等方面，具有重大现实意义。为强化安全生产工作的重要地位，明确安全生产在国民经济和社会发展中的重要地位，推进安全生产形势持续稳定好转，新法将坚持安全发展写入了总则。

2. 建立完善的安全生产方针和工作机制

"新法"确立了"安全第一、预防为主、综合治理"的安全生产工作"十二字方针"，明确了安全生产的重要地位、主体任务和实现安全生产的根本途径。"安全第一"要求从事生产经营活动必须把安全放在首位，不能以牺牲人的生命、健康为代价换取发展和效益。"预防为主"要求把安全生产工作的重心放在预防上，强化隐患排查治理，"打非治违"，从源头上控制、预防和减少生产安全事故。"综合治理"要求运用行政、经济、法治、科技等多种手段，充分发挥社会、职工、舆论监督各个方面的作用，抓好安全生产工作。坚持"十二字方针"，总结实践经验，"新法"明确要求建立生产经营单位负责、职工参与、政府监管、行业自律、社会监督的机制，进一步明确各方安全生产职责。做好安全生产工作，落实生产经营单位主体责任是根本，职工参与是基础，政府监管是关键，行业自律是发展方向，社会监督是实现预

防和减少生产安全事故目标的保障。

3. 强化"三个必须"，明确安全监管部门执法地位

按照"三个必须"（管行业必须管安全、管业务必须管安全、管生产经营必须管安全）的要求，一是"新法"规定国务院和县级以上地方人民政府应当建立健全安全生产工作协调机制，及时协调、解决安全生产监督管理中存在的重大问题。二是"新法"明确国务院和县级以上地方人民政府安全生产监督管理部门实施综合监督管理，有关部门在各自职责范围内对有关行业、领域的安全生产工作实施监督管理，并将其统称为负有安全生产监督管理职责的部门。三是"新法"明确各级安全生产监督管理部门和其他负有安全生产监督管理职责的部门作为执法部门，依法开展安全生产行政执法工作，对生产经营单位执行法律、法规、国家标准或者行业标准的情况进行监督检查。

4. 明确乡镇人民政府以及街道办事处、开发区管理机构安全生产职责

乡镇街道是安全生产工作的重要基础，有必要在立法层面明确其安全生产职责，同时，针对各地经济技术开发区、工业园区的安全监管体制不顺、监管人员配备不足、事故隐患集中、事故多发等突出问题，"新法"明确：乡镇人民政府以及街道办事处、开发区管理机构等地方人民政府的派出机关应当按照职责，加强对本行政区域内生产经营单位安全生产状况的监督检查，协助上级人民政府有关部门依法履行安全生产监督管理职责。

5. 进一步明确生产经营单位的安全生产主体责任

做好安全生产工作，落实生产经营单位主体责任是根本。"新法"把明确安全责任、发挥生产经营单位安全生产管理机构和安全生产管理人员作用作为一项重要内容，做出三个方面的重要规定：一是明确委托规定的机构提供安全生产技术、管理服务的，保证安全生产的责任仍然由本单位负责；二是明确生产经营单位的安全生产责任制的内容，规定生产经营单位应当建立相应的机制，加强对安全生产责任制落实情况的监督考核；三是明确生产经营单位的安全生产管理机构以及安全生产管理人员履行的七项职责。

6. 建立预防安全生产事故的制度

"新法"把加强事前预防、强化隐患排查治理作为一项重要内容：一是生产经营单位必须建立生产安全事故隐患排查治理制度,采取技术、管理措施及时发现并消除事故隐患,并向从业人员通报隐患排查治理情况的制度。二是政府有关部门要建立健全重大事故隐患治理督办制度,督促生产经营单位消除重大事故隐患。三是对未建立隐患排查治理制度、未采取有效措施消除事故隐患的行为,设定了严格的行政处罚。四是赋予负有安全监管职责的部门对拒不执行执法决定、有发生生产安全事故现实危险的生产经营单位依法采取停电、停供民用爆炸物品等措施,强制生产经营单位履行决定的权力。

7. 建立安全生产标准化制度

安全生产标准化是在传统的安全质量标准化基础上,根据当前安全生产工作的要求、企业生产工艺特点,借鉴国外现代先进安全管理思想,形成的一套系统的、规范的、科学的安全管理体系。2010 年的《国务院关于进一步加强企业安全生产工作的通知》(国发〔2010〕23 号)、2011 年的《国务院关于坚持科学发展安全发展促进安全生产形势持续稳定好转的意见》(国发〔2011〕40 号)均对安全生产标准化工作提出了明确的要求。近年来,矿山、危险化学品等高危行业企业安全生产标准化取得了显著成效,工贸行业领域的标准化工作正在全面推进,企业本质安全生产水平明显提高。结合多年的实践经验,"新法"在总则部分明确提出推进安全生产标准化工作,这必将对强化安全生产基础建设,促进企业安全生产水平持续提升产生重大而深远的影响。

8. 推行注册安全工程师制度

为解决中小企业安全生产"无人管、不会管"的问题,促进安全生产管理队伍朝着专业化、职业化方向发展,国家自 2004 年以来连续 10 年实施了全国注册安全工程师执业资格统一考试,21.8 万人取得了资格证书。截至 2013 年 12 月,已有近 15 万人注册并在生产经营单位和安全生产中介服务机构执业。"新法"确立了注册安全工程师制度,并从两个方面加以推进:一是危险物品的生产、储存单位以及矿山、金属冶炼单位应当有注册安全工程师从事安全生产管理工作,鼓励其他生产经营单位聘用注册安全工程师从事安全生产管理工作。二是建立注册安全工程师按专业分类管理制度,授权国务院有关部门制定具体实施办法。

9. 推进安全生产责任保险制度

"新法"总结近年来的试点经验,通过引入保险机制,促进安全生产,规定国家鼓励生产经营单位投保安全生产责任保险。安全生产责任保险具有其他保险所不具备的特殊功能和优势,一是增加事故救援费用和第三人(事故单位从业人员以外的事故受害人)赔付的资金来源,有助于减轻政府负担,维护社会稳定。目前有的地区还提供了一部分资金用于对事故死亡人员家属的补偿。二是有利于现行安全生产经济政策的完善和发展。2005 年起实施的高危行业风险抵押金制度存在缴存标准高、占用资金量大、缺乏激励作用等不足。目前,湖南、上海等省(直辖市)已经通过地方立法允许企业自愿选择责任保险或者风险抵押金,受到企业的广泛欢迎。三是通过保险费率浮动、引进保险公司参与企业安全管理,有效促进企业加强安全生产工作。

10. 加大对安全生产违法行为的责任追究力度

1)规定了事故行政处罚和终身行业禁入

(1)将行政法规的规定上升为法律条文,按照两个责任主体、四个事故等级,设立了对生产经营单位及其主要负责人的八项罚款处罚规定。

(2)大幅提高对事故责任单位的罚款金额:一般事故罚款 20 万元至 50 万元;较大事故罚款 50 万元至 100 万元;重大事故罚款 100 万元至 500 万元;特别重大事故罚款 500 万元至 1000 万元;特别重大事故的情节特别严重的,罚款 1000 万元至 2000 万元。

(3)进一步明确主要负责人对重大、特别重大事故负有责任的,终身不得担任本行业生产经营单位的主要负责人。

2)加大罚款处罚力度

结合各地区经济发展水平、企业规模等实际,"新法"维持罚款下限基本不变,将罚款上限提高了 2 倍至 5 倍,并且大多数处罚则不再将限期整改作为前置条件,反映了"打非治违"、"重典治乱"的现实需要,强化了对安全生产违法行为的震慑力,也有利于降低执法成本、提高执法效能。

3)建立了严重违法行为公告和通报制度

要求负有安全生产监督管理职责的部门建立安全生产违法行为信息库,如实记录生产经营单位的安全生产违法行为信息;对违法行为情节严重的生产经营单位,应当向社会公告,并通报行业主管部门、投资主管部门、国土资源主管部门、证券监督管理部门和有关金融机构。

二、《中华人民共和国职业病防治法》

《中华人民共和国职业病防治法》（以下简称《职业病防治法》）经2001年10月27日九届全国人大常委会第24次会议通过。2016年7月2日第十二届全国人民代表大会常务委员会第二十一次会议通过《关于修改＜中华人民共和国职业病防治法＞等六部法律的决定》。《职业病防治法》分总则、前期预防、劳动过程中的防护与管理、职业病诊断与职业病病人保障、监督检查、法律责任、附则共7章90条，自2016年7月2日起施行。

《职业病防治法》对劳动过程中职业病的防治与管理、职业病的诊断与治疗及保障有以下规定：

（1）用人单位不得安排未经上岗前职业健康检查的劳动者从事接触职业病危害的作业；不得安排有职业禁忌的劳动者从事其所禁忌的作业；对在职业健康检查中发现有与所从事的职业相关的健康损害的劳动者，应当调离原工作岗位，并妥善安置；对未进行离岗前职业健康检查的劳动者不得解除或者终止与其订立的劳动合同。

（2）用人单位应当为劳动者建立职业健康监护档案，并按照规定的期限妥善保存。劳动者离开用人单位时，有权索取本人职业健康监护档案复印件，用人单位应当如实、无偿提供，并在所提供的复印件上签章。

（3）劳动者享有下列职业卫生保护权利：

① 获得职业卫生教育、培训；

② 获得职业健康检查、职业病诊疗、康复等职业病防治服务；

③ 了解工作场所产生或者可能产生的职业病危害因素、危害后果和应当采取的职业病防护措施；

④ 要求用人单位提供符合防治职业病要求的职业病防护设施和个人使用的职业病防护用品，改善工作条件；

⑤ 对违反职业病防治法律、法规以及危及生命健康的行为提出批评、检举和控告；

⑥ 拒绝违章指挥和强令进行没有职业病防护措施的作业；

⑦ 参与用人单位职业卫生工作的民主管理，对职业病防治工作提出意见和建议。

用人单位应当保障劳动者行使前款所列权利。因劳动者依法行使正当权利而降低其工资、福利等待遇或者解除、终止与其订立的劳动合同的,其行为无效。

（4）用人单位应当保障职业病病人依法享受国家规定的职业病待遇。

用人单位应当按照国家有关规定,安排职业病病人进行治疗、康复和定期检查。

用人单位对不适宜继续从事原工作的职业病病人,应当调离原岗位,并妥善安置。

用人单位对从事接触职业病危害作业的劳动者,应当给予适当岗位津贴。

（5）职业病病人的诊疗、康复费用,伤残以及丧失劳动能力的职业病病人的社会保障,按照国家有关工伤保险的规定执行。

（6）劳动者被诊断患有职业病,但用人单位没有依法参加工伤保险的,其医疗和生活保障由该用人单位承担。

三、《中华人民共和国消防法》

《中华人民共和国消防法》已由中华人民共和国第十一届全国人民代表大会常务委员会第五次会议于 2008 年 10 月 28 日修订通过,修订后的《中华人民共和国消防法》自 2009 年 5 月 1 日起施行,相关规定如下:

（1）任何单位和个人都有维护消防安全、保护消防设施、预防火灾、报告火警的义务。任何单位和成年人都有参加有组织的灭火工作的义务。

（2）机关、团体、企业、事业等单位应当履行下列消防安全职责:

① 落实消防安全责任制,制定本单位的消防安全制度、消防安全操作规程,制定灭火和应急疏散预案;

② 按照国家标准、行业标准配置消防设施、器材,设置消防安全标志,并定期组织检验、维修,确保完好有效;

③ 对建筑消防设施每年至少进行一次全面检测,确保完好有效,检测记录应当完整准确,存档备查;

④ 保障疏散通道、安全出口、消防车通道畅通,保证防火防烟分区、防火间距符合消防技术标准;

⑤ 组织防火检查,及时消除火灾隐患;

⑥ 组织进行有针对性的消防演练;

⑦ 法律、法规规定的其他消防安全职责。

（3）生产、储存、经营易燃易爆危险品的场所不得与居住场所设置在同一建筑物内,并应当与居住场所保持安全距离。生产、储存、经营其他物品的场所与居住场所设置在同一建筑物内的,应当符合国家工程建设消防技术标准。

(4)生产、储存、装卸易燃易爆危险品的工厂、仓库和专用车站、码头的设置,应当符合消防技术标准。易燃易爆气体和液体的充装站、供应站、调压站,应当设置在符合消防安全要求的位置,并符合防火防爆要求。

(5)已经设置的生产、储存、装卸易燃易爆危险品的工厂、仓库和专用车站、码头,易燃易爆气体和液体的充装站、供应站、调压站,不符合前款规定的,地方人民政府应当组织、协调有关部门、单位限期解决,消除安全隐患。

(6)任何单位、个人不得损坏、挪用或者擅自拆除、停用消防设施、器材,不得埋压、圈占、遮挡消火栓或者占用防火间距,不得占用、堵塞、封闭疏散通道、安全出口、消防车通道。人员密集场所的门窗不得设置影响逃生和灭火救援的障碍物。

四、《中华人民共和国特种设备安全法》

《中华人民共和国特种设备安全法》由第十二届全国人民代表大会常务委员会第三次会议通过,2013 年 6 月 29 日中华人民共和国主席令第 4 号公布,自 2014 年 1 月 1 日起施行。相关规定如下:

(1)特种设备生产、经营、使用单位应当按照国家有关规定配备特种设备安全管理人员、检测人员和作业人员,并对其进行必要的安全教育和技能培训。

(2)特种设备生产、经营、使用单位对其生产、经营、使用的特种设备应当进行自行检测和维护保养,对国家规定实行检验的特种设备应当及时申报并接受检验。

(3)特种设备使用单位应当在特种设备投入使用前或者投入使用后三十日内,向负责特种设备安全监督管理的部门办理使用登记,取得使用登记证书。登记标志应当置于该特种设备的显著位置。

(4)特种设备使用单位应当建立岗位责任、隐患治理、应急救援等安全管理制度,制定操作规程,保证特种设备安全运行。

(5)特种设备使用单位应当建立特种设备安全技术档案。安全技术档案应当包括以下内容:

① 特种设备的设计文件、产品质量合格证明、安装及使用维护保养说明、监督检验证明等相关技术资料和文件;

② 特种设备的定期检验和定期自行检查记录;

③ 特种设备的日常使用状况记录;

④ 特种设备及其附属仪器仪表的维护保养记录;

⑤ 特种设备的运行故障和事故记录。

五、《生产安全事故报告和调查处理条例》

2007年3月28日国务院第172次常务会议通过《生产安全事故报告和调查处理条例》,自2007年6月1日起施行,条例共六章四十六条。此条例是为了规范生产安全事故的报告和调查处理,落实生产安全事故责任追究制度,防止和减少生产安全事故,根据《中华人民共和国安全生产法》和有关法律而制定。该条例规定:

(1)事故发生后,事故现场有关人员应当立即向本单位负责人报告;单位负责人接到报告后,应当于1h内向事故发生地县级以上人民政府安全生产监督管理部门和负有安全生产监督管理职责的有关部门报告。

(2)情况紧急时,事故现场有关人员可以直接向事故发生地县级以上人民政府安全生产监督管理部门和负有安全生产监督管理职责的有关部门报告。

(3)报告事故应当包括下列内容:

① 事故发生单位概况;

② 事故发生的时间、地点以及事故现场情况;

③ 事故的简要经过;

④ 事故已经造成或者可能造成的伤亡人数(包括下落不明的人数)和初步估计的直接经济损失;

⑤ 已经采取的措施;

⑥ 其他应当报告的情况。

六、《工贸企业有限空间作业安全管理与监督暂行规定》

《工贸企业有限空间作业安全管理与监督暂行规定》于2013年2月18日由国家安全生产监督管理总局局长办公会议审议通过并公布,自2013年7月1日起施行。该暂行规定的相关内容如下:

(1)本暂行规定所称有限空间,是指封闭或者部分封闭,与外界相对隔离,出入口较为狭窄,作业人员不能长时间在内工作,自然通风不良,易造成有毒有害、易燃易爆物质积聚或者氧含量不足的空间。

(2)工贸企业应当对从事有限空间作业的现场负责人、监护人员、作业人员、应急救援人员进行专项安全培训。

（3）工贸企业实施有限空间作业前,应当对作业环境进行评估,分析存在的危险有害因素,提出消除、控制危害的措施,制定有限空间作业方案,并经本企业负责人批准。

（4）工贸企业应当按照有限空间作业方案,明确作业现场负责人、监护人员、作业人员及其安全职责。

（5）工贸企业实施有限空间作业前,应当将有限空间作业方案和作业现场可能存在的危险有害因素、防控措施告知作业人员。现场负责人应当监督作业人员按照方案进行作业准备。

（6）有限空间作业应当严格遵守"先通风、再检测、后作业"的原则。检测指标包括氧气浓度、易燃易爆物质(可燃性气体、爆炸性粉尘)浓度、有毒有害气体浓度。检测应当符合相关国家标准或者行业标准的规定。未经通风和检测合格,任何人员不得进入有限空间作业。检测的时间不得早于作业开始前 30min。

（7）检测人员进行检测时,应当记录检测的时间、地点、气体种类、浓度等信息。检测记录经检测人员签字后存档。

（8）在有限空间作业过程中,工贸企业应当对作业场所中的危险有害因素进行定时检测或者连续监测。作业中断超过 30min,作业人员再次进入有限空间作业前,应当重新通风、检测合格后方可进入。

（9）有限空间作业结束后,作业现场负责人、监护人员应当对作业现场进行清理,撤离作业人员。

（10）工贸企业应当根据本企业有限空间作业的特点,制定应急预案,并配备相关的呼吸器、防毒面罩、通信设备、安全绳索等应急装备和器材。有限空间作业的现场负责人、监护人员、作业人员和应急救援人员应当掌握相关应急预案内容,定期进行演练,提高应急处置能力。

第三章 安全生产常用标准规范

一、GB 8958—2006《缺氧危险作业安全规程》

为了更好地保护缺氧作业人员的安全和健康,本标准对 GB 8958—1988《缺氧危险作业安全规程》进行了修订,使标准更具有可操作性和符合实际情况。本标准代替 GB 8958—1988,自 2006 年 12 月 1 日实施,相关规定如下:

(1)缺氧危险作业场所分为以下三类:

① 密闭设备:指船舱、贮罐、塔(釜)、烟道、沉箱及锅炉等。

② 地下有限空间:包括地下管道、地下室、地下仓库、地下工程、暗沟、隧道、涵洞、地坑、矿井、废井、地窖、污水池(井)、沼气池及化粪池等。

③ 地上有限空间:包括酒糟池、发酵池、垃圾站、温室、冷库、粮仓、料仓等封闭空间。

(2)作业人员必须配备并使用空气呼吸器或软管面具等隔离式呼吸保护器具。严禁使用过滤式面具。

(3)当存在因缺氧而坠落的危险时,作业人员必须使用安全带(绳),并在适当位置可靠地安装必要的安全绳网设备。

(4)在每次作业前,必须仔细检查呼吸器具和安全带(绳),发现异常应立即更换,严禁勉强使用。

(5)在作业人员进入缺氧作业场所前和离开时应准确清点人数。

(6)在存在缺氧危险作业时,必须安排监护人员。监护人员应密切监视作业状况,不得离岗。发现异常情况,应及时采取有效的措施。

(7)作业人员与监护人员应事先规定明确的联络信号,并保持有效联络。

(8)如果作业现场的缺氧危险可能影响附近作业场所人员的安全时,应及时通知这些作业场所。在通风条件差的作业场所,如地下室、船舱等,配备二氧化碳灭火器时,应将灭火器放置牢固,禁止随便启动,防止二氧化碳意外泄出。在放置灭火器的位置应设立明显的标志。

(9)当作业人员在特殊场所(如冷库等密闭设备)内部作业时,如果供作业人员出入的门或窗不能很容易地从内部打开而又无通信、报警装置时,严禁关闭门或窗。

（10）当作业人员在与输送管道连接的密闭设备内部作业时，必须严密关闭阀门，或者装好盲板。输送有害物质的管道的阀门应有人看守或在醒目处设立禁止启动的标志。

（11）安全教育与培训。

对作业负责人的缺氧作业安全教育应包括如下内容：

① 与缺氧作业有关的法律法规。

② 产生缺氧危险的原因、缺氧症的症状、职业禁忌症、防止措施以及缺氧症的急救知识。

③ 防护用品、呼吸保护器具及抢救装置的使用、检查和维护常识。

④ 作业场所空气中氧气的浓度及有害物质的测定方法。

⑤ 事故应急措施与事故应急预案。

对作业人员和监护人员的安全教育应包括如下内容：

① 缺氧场所的窒息危险性和安全作业的要求。

② 防护用品、呼吸保护器具及抢救装置的使用知识。

③ 事故应急措施与事故应急预案。

（12）事故应急救援。

① 对缺氧危险作业场所应制定事故应急救援预案。

② 当发现缺氧危险时，必须立即停止作业，让作业人员迅速离开作业现场。

③ 发生缺氧危险时，作业人员和抢救人员必须立即使用隔离式呼吸保护器具。

④ 在存在缺氧危险的作业场所，必须配备抢救器具。如呼吸器、梯子、绳缆以及其他必要的器具和设备。以便在非常情况下抢救作业人员。

⑤ 对已患缺氧症的作业人员应立即给予急救和医疗处理。

二、GBZ/T 205—2007《密闭空间作业职业危害防护规范》

本标准根据《中华人民共和国职业病防治法》制定，自 2008 年 3 月 1 日实施，相关规定如下：

1. 用人单位的职责

（1）按照本规范组织、实施密闭空间作业。制订密闭空间作业职业病危害防护控制计划、密闭空间作业准入程序和安全作业规程，并保证相关人员能随时得到计划、程序和规程。

（2）确定并明确密闭空间作业负责人、准入者和监护者及其职责。

（3）在密闭空间外设置警示标识,告知密闭空间的位置和所存在的危害。

（4）提供有关的职业安全卫生培训。

（5）当实施密闭空间作业前,对密闭空间可能存在的职业病危害进行识别、评估,以确定该密闭空间是否可以准入并作业。

（6）采取有效措施,防止未经允许的劳动者进入密闭空间。

（7）提供合格的密闭空间作业安全防护设施与个体防护用品及报警仪器。

（8）提供应急救援保障。

2. 综合控制措施

用人单位应采取综合措施,消除或减少密闭空间的职业病危害以满足安全作业条件。

（1）设置密闭空间警示标识,防止未经准入人员进入。

（2）进入密闭空间作业前,用人单位应当进行职业病危害因素识别和评价。

（3）用人单位制订和实施密闭空间职业病危害防护控制计划、密闭空间准入程序和安全作业操作规程。

（4）提供符合要求的监测、通风、通信、个人防护用品设备、照明、安全进出设施以及应急救援和其他必须设备,并保证所有设施的正常运行和劳动者能够正确使用。

（5）在进入密闭空间作业期间,至少要安排 1 名监护者在密闭空间外持续进行监护。

（6）按要求培训准入者、监护者和作业负责人。

（7）制定和实施应急救援、呼叫程序,防止非授权人员擅自进入密闭空间进行急救。

（8）制定和实施密闭空间作业准入程序。

（9）如果有多个用人单位同时进入同一密闭空间作业,应制定和实施协调作业程序,保证一方用人单位准入者的作业不会对另一用人单位的准入者造成威胁。

（10）制定和实施进入终止程序。

（11）当按照密闭空间管理程序所采取的措施不能有效保护劳动者时,应对进入密闭空间作业进行重新评估,并且要修订职业病危害防护控制计划。

（12）进入密闭空间作业结束后，准入文件或记录至少存档一年。

3. 进行密闭空间救援和应急措施

进行密封空间救援和应急服务时，应采取如下措施：

（1）告知每个救援人员所面临的危害。

（2）为救援人员提供安全可靠的个人防护设施，并通过培训使其能熟练使用。

（3）无论准入者何时进入密闭空间，密闭空间外的救援均应使用吊救系统。

（4）应将化学物质安全数据清单或所需要的类似书面信息放在工作地点，如果准入者受到有毒物质的伤害，应当将这些信息告知处理暴露者的医疗机构。

（5）吊救系统应符合的条件：

每个准入者均应使用胸部或全身套具，绳索应从头部往下系在后背中部靠近肩部水平的位置，或能有效证明从身体侧面也能将工作人员移出密闭空间的其他部位。在不能使用胸部或全身套具，或使用胸部或全身套具可能造成更大危害的情况下，可使用腕套，但须确认腕套是最安全和最有效的选择。

在密闭空间外使用吊救系统救援时，应将吊救系统的另一端系在机械设施或固定点上，保证救援者能及时进行救援。

机械设施至少可将人从 1.5m 的密闭空间中救出。

三、AQ 4226—2012《城镇燃气行业防尘防毒技术规范》

根据《国家安全生产监督管理总局公告（2012 年第 7 号）》，经国家安全生产监督管理总局批准，AQ 4226—2012《城镇燃气行业防尘防毒技术规范》自 2012 年 9 月 1 日起施行。该标准相关规定如下：

1. 燃气作业过程中的尘毒危害

（1）在燃气危险作业过程中，可能产生粉尘及燃气或有毒物质的逸出，如燃气引入口带气通堵作业、用户通（复）气作业、更换引入口阀门作业等。

（2）在进行燃气有限空间作业时，可能发生缺氧窒息或中毒事故。

2. 带气作业

（1）在从事燃气危险作业时，在可能存在燃气危害作业的区域内，作业人员应佩戴防毒面具或正压式空气呼吸器。

（2）在用户通（复）气作业或用户抢修作业时，应根据燃气泄漏程度确定警戒区并设立警示标志。进入警戒区的作业人员应按规定穿戴防护用具,作业时应有专人监护。

3. 燃气有限空间作业

(1)在燃气有限空间作业场所,宜设置固定式有毒气体检测报警装置;对于不具备设置固定式报警装置的条件时,应为作业人员配置便携式检测报警装置。

(2)在进行燃气闸井等有限空间作业前,应为作业人员配备测氧仪、有害气体检测仪和隔离式空气呼吸器等,并定期进行校验。

(3)进入燃气密闭空间(设备内)进行检查、检测、检修等作业时,应切断气源,对设备内进行彻底置换,并对内部有害气体含量和氧气含量检测达标后,方可进入。

(4)检测燃气闸井内氧气浓度时,应将带抽气泵的测氧仪吸气管深入到井内中下部。井室内氧气含量小于或等于 19.5% 时,不准许下井,应进行通风处理,同时应检测井室内燃气或其他有害气体的浓度。

4. 个体防护措施

(1)城镇燃气企业应为从业人员提供符合国家标准、行业标准的尘毒危害防护用品及设施,并对尘毒危害防护用品及设施进行经常性的维护、保养,确保防护用品有效。

(2)城镇燃气企业应按照 GB/T 11651—2008《个体防护装备选用规范》的要求及企业的实际工作情况,为接触尘毒作业的人员配备个体防护用品。呼吸防护用品的选择应考虑使用场所的有毒有害因素,应符合 GB/T 18664—2002《呼吸防护用品的选择、使用与维护》的相关要求。

进行燃气有限空间作业的人员应正确佩戴隔离式空气呼吸器,正确使用测氧仪、有害气体检测仪。

进行清理过滤器、更换脱硫剂等有害作业的人员应正确穿戴相应的防尘服、空气呼吸器。进行加臭作业的人员宜穿戴耐腐蚀性和耐油的个体防护服。

(3)城镇燃气企业应督促、教育、指导从业人员按照使用规则正确佩戴、使用个人防护用品。

5. 事故应急处置措施

(1)城镇燃气企业应针对产生尘毒的作业场所,按照 AQ/T 9002—2006《生产经营单位安全生产事故应急预案编制导则》及地方相关要求制定粉尘、毒物突发事故的专项应急预案,预案应考虑对周围环境的影响,明确应急处置方法。

（2）城镇燃气企业应在有毒有害作业区域中易取放处设置有效的应急用空气呼吸器和化学防护服,并配备快速检测仪器。同时,应配备防止扩散的设备设施。

（3）进行燃气有限空间作业时应设置监护人员,并配备应急救援设备设施,如照明灯、防坠落设备等。

（4）气化站等场站内应设置事故切断系统,事故发生时,应切断或关闭可燃气体来源,还应关闭正在运行的可能使事故扩大的设备。

（5）存在粉尘、毒物的作业场所,应具备现场快速、简易的急救能力。特别是有毒物质泄漏事故应急预案中应明确规定正确的防尘防毒方法和措施。

（6）城镇燃气企业应定期组织尘毒专项应急预案培训和演练,对演练过程和效果进行评价,及时修订应急预案,保存演练记录。

6. 城镇燃气企业个体防护装备

城镇燃气企业个体防护装备列表见表3-2。

表3-2 城镇燃气企业个体防护装备列表

作业类别		可以使用的防护用品	建议使用的防护用品
编号	类别名称		
A12	易燃易爆场所作业	化学品防护服 阻燃防护服 棉布工作服	防尘口罩(防颗粒物呼吸器) 防毒面具 防尘服
A13	可燃性粉尘场所作业	防尘口罩(防颗粒物呼吸器)棉布工作服	防尘服 阻燃防护服
A19	吸入性气相毒物作业	防毒面具 防化学品手套 化学品防护服	劳动护肤剂
A20	密闭场所作业	防毒面具(供气或携气) 防化学品手套 化学品防护服 安全带 素砂袋	空气呼吸器 劳动护肤剂

四、AQ 3028—2008《化学品生产单位受限空间作业安全规范》

本标准规定了化学品生产单位受限空间作业安全要求、职责要求和《受限空间安全作业证》的管理。本标准适用于化学品生产单位的受限空间作业,自 2009 年 1 月 1 日实施。该标准的相关规定如下:

1. 通风

应采取措施,保持受限空间空气良好流通。

(1)打开人孔、手孔、料孔、风门、烟门等与大气相通的设施进行自然通风。

(2)必要时,可采取强制通风。

(3)采用管道送风时,送风前应对管道内介质和风源进行分析确认。

(4)禁止向受限空间充氧气或富氧空气。

2. 监测

(1)作业前 30min 内,应对受限空间进行气体采样分析,分析合格后方可进入。

(2)分析仪器应在校验有效期内,使用前应保证其处于正常工作状态。

(3)采样点应有代表性,容积较大的受限空间,应采取上、中、下各部位取样。

(4)作业中应定时监测,至少每 2h 监测一次,如监测分析结果有明显变化,则应加大监测频率;作业中断超过 30min 应重新进行监测分析,对可能释放有害物质的受限空间,应连续监测。情况异常时应立即停止作业,撤离人员,经对现场处理,并取样分析合格后方可恢复作业。

(5)涂刷具有挥发性溶剂的涂料时,应作连续分析,并采取强制通风措施。

(6)采样人员深入或探入受限空间采样时应采取 AQ 3028—2008 的 4.6 中规定的防护措施。

3. 个体防护措施

(1)受限空间经清洗或置换不能达到要求时,应采取相应的防护措施方可作业。

(2)在缺氧或有毒的受限空间作业时,应佩戴隔离式防护面具,必要时作业人员应拴带救生绳。

(3)在易燃易爆的受限空间作业时,应穿防静电工作服、工作鞋,使用防爆型低压灯具及不发生火花的工具。

（4）在有酸碱等腐蚀性介质的受限空间作业时,应穿戴好防酸碱工作服、工作鞋、手套等护品。

（5）在产生噪声的受限空间作业时,应配戴耳塞或耳罩等防噪声护具。

（6）照明及用电安全。

①受限空间照明电压应小于或等于 36V,在潮湿容器、狭小容器内作业电压应小于或等于 12V。

② 使用超过安全电压的手持电动工具作业或进行电焊作业时,应配备漏电保护器。在潮湿容器中,作业人员应站在绝缘板上,同时保证金属容器接地可靠。

③ 临时用电应办理用电手续,按 GB/T 13869—2008《安全用电导则》的规定架设和拆除。

4. 监护

（1）受限空间作业,在受限空间外应设有专人监护。

（2）进入受限空间前,监护人应会同作业人员检查安全措施,统一联系信号。

（3）在风险较大的受限空间作业,应增设监护人员,并随时保持与受限空间作业人员的联络。

（4）监护人员不得脱离岗位,并应掌握受限空间作业人员的人数和身份,对人员和工器具进行清点。

5. 其他安全要求

（1）在受限空间作业时应在受限空间外设置安全警示标志。

（2）受限空间出入口应保持畅通。

（3）多工种、多层交叉作业应采取互相之间避免伤害的措施。

（4）作业人员不得携带与作业无关的物品进入受限空间,作业中不得抛掷材料、工器具等物品。

（5）受限空间外应备有空气呼吸器(氧气呼吸器)、消防器材和清水等相应的应急用品。

（6）严禁作业人员在有毒、窒息环境下摘卜防毒面具。

（7）难度大、劳动强度大、时间长的受限空间作业应采取轮换作业。

（8）在受限空间进行高处作业应按 AQ 3025—2008《化学品生产单位高处作业安全规范》的规定进行,应搭设安全梯或安全平台。

（9）在受限空间进行动火作业应按 AQ 3022—2008《化学品生产单位动火作业安全规范》的规定进行。

（10）作业前后应清点作业人员和作业工器具。作业人员离开受限空间作业点时，应将作业工器具带出。

（11）作业结束后，由受限空间所在单位和作业单位共同检查受限空间内外，确认无问题后方可封闭受限空间。

五、Q/SY 95—2007《油气管道储运设施受限空间作业安全规程》

本标准规定了进入受限空间作业的安全管理要求以及相关审核、偏离、培训和沟通的管理要求。本标准适用于中国石油所属企业进入受限空间的作业或活动。相关管理要求如下。

1. 基本要求

（1）只有在没有其他切实可行的方法能完成工作任务时，才考虑进入受限空间作业。

（2）进入受限空间实行作业许可，应办理《进入受限空间作业许可证》。

（3）进入受限空间作业前，应开展工作前安全分析，辨识危害因素，评估风险，采取措施，控制风险。

（4）进入受限空间作业应编制安全工作方案和应急预案，各类防护设施和救援物资应配备到位。

（5）在进入受限空间前，与进入受限空间作业相关的人员都应接受培训。

（6）进入受限空间作业时，应将相关的作业许可证、安全工作方案、应急预案、连续检测记录等文件存放在现场。

2. 受限空间辨识

（1）应对每个装置或作业区域进行辨识，确定受限空间的数量、位置，建立受限空间清单并根据作业环境、工艺设备变更等情况不断更新。

（2）应针对辨识出的每个受限空间，预先制定安全工作方案。每年应对所有的安全工作方案进行评审。

（3）对于用钥匙、工具打开的或有实物障碍的受限空间，打开时应在进入点附近设置警示标识。无需工具、钥匙就可进入或无实物障碍阻挡进入的受限空间，应设置固定的警示标识。所有警示标识应包括提醒有危险存在和须经授权才允许进入的词语。

3. 进入受限空间许可证

（1）《进入受限空间作业许可证》的有效期限不得超过一个班次,延期后总的作业期限不能超过24h。

（2）许可证的审批、分发、延期、取消、关闭具体执行Q/SY 1240—2009《作业许可管理规范》的规定。

（3）作业结束后,应清理作业现场,解除相关隔离设施,确认无任何隐患,申请人与批准人或其授权人签字关闭作业许可证。

（4）有应急预案和应急准备。

（5）每次进入受限空间作业前,应制定书面应急预案,并开展应急演练,所有相关人员都应熟悉应急预案。

（6）在进入受限空间进行救援之前,应明确监护人与救援人员的联络方法。获得授权的救援人员均应佩戴安全带、救生索等以便救援,如存在有毒有害气体,应携带气体防护设备,除非该装备可能会阻碍救援或产生更大的危害。

参 考 文 献

［1］马卫国著.受限空间安全作业与管理.北京:中国劳动社会保障出版社,2014.

［2］廖学军著.有限空间作业安全生产培训教材.北京:气象出版社,2009.

［3］马卫国编.《有限空间安全作业五条规定》宣传教育读本.北京:中国劳动社会
保障出版社,2015.

［4］郭全文,王彬.燃气密闭空间作业危险分析及安全对策.煤气与热力,2010(9).

［5］黄郑华,李建华,周主,边成.密闭空间作业事故预防与应急救援措施研究.石
油化工安全环保技术,2010（12）.

［6］范银华,王树坤,陈桂成,万木生.有限空间作业中毒窒息事故的预防.中国安
全科学学报,2006（5）.

［7］杨宏刚,赵江平,张璇.有限空间作业危害辨识及事故控制.建筑安全,2013(2).

［8］贾海潮.关于燃气企业有限空间作业事故分析与探讨.建筑安全,2015(8).